天下文化
BELIEVE IN READING

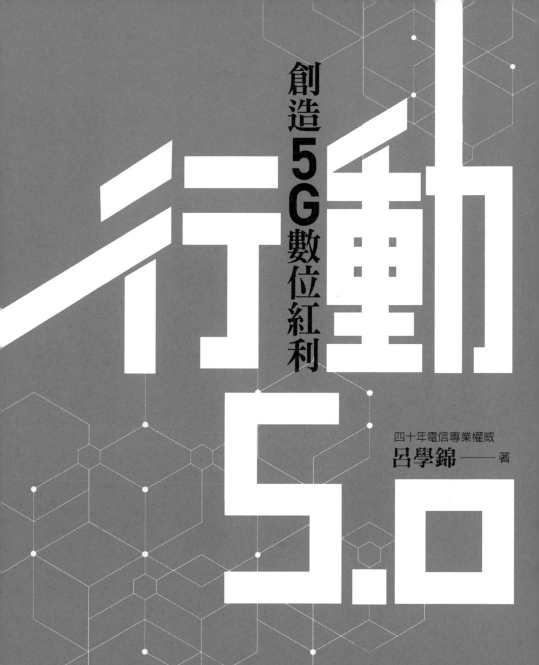

創造5G數位紅利

動
行
5.0

四十年電信專業權威
呂學錦——著

C◯NTENTS 目錄

序 一本關於未來的書

—— 呂學錦 交通大學榮譽教授、中華電信前董事長

寫一本有關未來電信發展的書，是個挑戰。挑戰的是對未來「知難」，那麼下筆也就「行亦難」。

一輩子在電信界打滾，過去三十餘年台灣經歷的電信發展故事，已經在《翻轉賽局：贏占全球資通訊紅利》（天下文化，2017年）中陳述。忝為該書客座總編輯，筆者以「只緣身在此山中」為題，寫了推薦序。

如今離開職場已經六年，不在其位不謀其政，卻因此得以「一身輕」，扮演不同的「摸象人」，數說未來電信這頭大象的點點滴滴。跳脫台灣電信大山，躍上無人機，鳥瞰群山峻嶺，海闊天空，風雲變化，視野無限，盡收眼底。

世紀大事

電信的發展，從電報、電話開始，那是十九世紀的大事；到了二十世紀中葉，AT&T為了精進自動電話系統的基本組件，而有三位著名科學家在貝爾實驗室發明電晶體，奠定電子與資訊科技的基礎，而電信則是運用電子與資訊（電腦）技術的先驅。

電子技術在摩爾定律引導下，呈指數成長至少半世紀，帶

動電腦與資訊呈相同比例成長。

　　為了讓使用者在遠端使用電腦，而有數據通信技術之發展，最經典的創新莫過於捨棄電話網路的電路交換（circuit switching），改採分封交換（packet switching），從而有TCP/IP通信規約的制定，成就了網網相連的網際網路（Internet）與全球資訊網（world wide web, WWW）的發明，且應用迅速擴散，普及全球。

　　同時，在美國有意無意的低度監督管理主導下，放任自由發展，各國也附和著不設防，在強者恆強的效應下，造就了資訊時代的網路巨人。二十年間，「網際網路」取代「數據通信」一詞，甚至省略「網際」二字，網路就是Internet。

　　誰還記得有電信網路的存在？誰叫你自己是笨水管（dumb pipe）。

1毫秒的革命

　　行動通信原本以通話為主。以無線電做為最後一哩的行動通信，採用蜂巢式細胞設計，以基地台為中心形成一個個細胞，也就是無線電訊號的涵蓋範圍，如此可以重複使用稀有的無線電頻率，擴大行動網路容量，創造了具實用性的價值，這也是了不起的發明。

　　客戶移動位置跟所在細胞之基地台之間必須妥善管理，才能確保通信品質，不漏接、不斷話，以及客戶移動中無縫銜接連線等。如此複雜的行動網路功能，需要強而有力的電子資訊技術

支撐，行動電話機和終端設備亦同。這就是行動通信為什麼等到八○年代才開始普及的原因。

網際網路在九○年代開始商用，第二代行動通信系統除了電話之外，增加了數據通信功能，當時的手機跟行動網路數據通信功能都十分簡陋。

記得有一次在交通部部務會報後，輪值記者會，筆者代表說明利用手機的WAP（Wireless Application Protocol，無線軟體應用協定）數據通信功能，展示行動加值應用。在示範應用操作時，透過投影機把手機畫面呈現在銀幕上，在按下傳送鍵後，等待回應。

1秒、2秒……、7秒、8秒，還沒有回應！

這麼離譜的時延，誰能接受？此後，我們設定了加值應用的「321」基本要求：任何應用必須不超過3個按鍵、2秒內回應、單1入口！誰能想到，今天，5G，這個要求演變為只是1個按鍵、1毫秒（ms）的事。

跨業合作，深度融合

3G技術大幅提高了行動數據通信的能力，好像專為智慧型手機鋪路似的。

4G（LTE）再添柴火，行動網路的發展如日中天，從「行動優先」（mobile first）到「行動唯一」（mobile only）。只做笨水管的固網業者聞之，能不膽顫心驚！

然而，膽顫心驚的也該包含行動通信業者，因為他們面臨

的處境是：資本支出與費用支出增加，營收卻不增反減！真正得利的，相信還是那些在網路上搭建平台、經營應用與內容的越網（OTT）者。這二十年來，行動通信似乎逃不過淪為另一個網路笨水管！

5G帶來一線曙光，一點希望。

如果，5G業者能夠充分掌握住eMBB（enhanced mobile broadband，增強行動寬頻）、mMTC（massive machine type communication，巨量機器型通訊）、uRLLC（ultra-reliable and low latency communication，超可靠與低時延）這三大嶄新的網路能力，建立平台，結合物聯網、大數據及其分析、人工智慧等最新科技，異業結盟，群策群力，電信事業將因5G而擴大範疇。

本書強烈主張：CT+IT+OT或ICT+OT，並且是深度融合。

CT，指電信技術；IT，指資訊技術；OT，指專業領域之營運技術；ICT，即資通訊技術。融合深度愈深，創造的價值愈大。

商業模式，從B2C擴大到B2B和B2B2C。5G執照有效期間長達二十年，5G業者技術本位，客群基礎穩固，財務健全且雄厚，只要立定目標，谷底翻身，轉型升級，再創第二曲線佳績，誰曰不能？

催動智慧化

能不能，但視電信業者自己能不能先轉型升級，甚至脫胎換骨。

趁著業績依舊亮麗，像AT&T一樣，晴天修屋頂，切莫到了

哪一天，屋漏偏逢連夜雨，困難重重，再思改變已為時晚矣。

半年來，台灣三大電信業者紛紛表明，推動轉型是當前優先工作，此乃聰明的決定。衷心期盼，為資訊社會智慧化搭建資訊大道的5G電信業者，能夠先一步智慧化。

5G是資訊時代智慧化的催化劑，企業界期盼及時雨久矣！

過去，企業主擔心行動通信可用率（availability）不足、反應太慢（時延太長）等，遲遲不敢啟動變革；5G的要求，寫明6個9的可用率（99.9999％）、小於1毫秒的時延，相信就是大部分工業4.0智慧工廠、遠距醫療、智慧交通、智慧城市、VR（virtual reality，虛擬實境）等應用的要求。

5G，就是各行各業等待的東風。東風起，做就對了！

長風破浪會有時

為什麼是5G？為什麼是現在？不做又如何？

儘管，決定不做什麼跟決定做什麼一樣重要，然而，這一次，該做而不做的代價可能很高！

資通訊科技發展的軌跡顯示，2025年是以計算為核心的資訊技術每十五年大躍進一次，和以溝通為核心的行動通信技術平均每十年為一代應用爆發的交匯時點。5G透過雲端化、虛擬化和邊緣運算，已經把資訊技術融入，成為改變各種產業、各個生活面向的利器。你不做，可能就要由別人來做。

做，要做什麼？

過去十年來，成功者的經驗加上當前科技發展趨勢告訴我

們，數位化和智慧化的基本運作單元是平台，從個人的家庭小平台，到中小企業的中平台，乃至大企業、政府機構和國家運用的大平台。

大、中、小平台均將為人類服務，平台之間則是台台互連（interconnect）、互運（interoperable），也必須互信（mutual trust），平台經濟於焉形成。

創造各式各樣符合各種需求的平台，讓各領域的OT輕易融入其中，並且讓智慧化工具，如：數據分析、機器學習、人工智慧產品等，容易依需要接入平台，強化整體能力，將帶來多少機會？帶動多少價值？

也許，答案就是本書文中引用的幾家知名研究機構的諸多數據。

如此，美國總統川普在推特中呼喊：「我要5G！」就不難理解了。

「在資訊時代，領導全球無線技術的國家獲勝。為了保持美國的優勢，我們必須加速5G開發和布建下一代無線網路，以比現有4G網路快得多的速度傳送大量數據，」這是美國白宮科學與技術政策局（Office of Science and Technology Policy）於2018年10月25日表述美國會在全球5G競賽中勝出的第一句話。

4G，讓美國嘗盡了甜頭，殷切希望能夠延續；5G，白宮著眼於大算盤，關切點著重整體網路及其應用所帶來的經濟效益。

5G的重要性，可見一斑。

第一部

乘數效應

AI×平台×大數據×雲端運算……
萬物聯網，驅動全球新經濟革命。

1. 全球經濟大轉型

目前，美國是全球4G的領導者，創造了數百萬工作機會，改變了無線通訊產業影響經濟發展的軌跡。她憑藉著4G時代的領導地位，提供美國企業帶領全球創新節奏的機會……

驅動改變的力量

4G帶給美國的利益，至少展現在三方面：

- **經濟成長**：美國在4G的領導地位，帶來2016年經濟成長（GDP）增加將近1,000億美元。當時，原本的預測值是3,503億美元，實際則達到4,450億美元。
- **創造工作機會**：美國推動4G，在2011年至2014年間，與行動通訊有關的工作機會增加了84％。
- **國內營收成長**：4G為美國企業帶來約1,250億美元的營業收入，並為應用商店（App store）和應用

開發者帶來400億美元之收入。假如美國沒有把握住4G領導地位，這些營收可能落入其他國家或地區的口袋。

然而，5G時代來臨，又將是另一番風貌。

群體創作的未來

「今天，巨變正驅動全球經濟大轉型，變動的速度之快、規模之大，可說在人類歷史上前所未見……

「我們面對的是高度連結、緊密融合、互動頻繁，而且科技不斷帶動變革的經濟型態，」美國前副總統高爾在《驅動大未來：牽動全球變遷的六個革命性巨變》（*The Future: Six Drivers of Global Change*）一書如此開場。

帶動變革固然要有不同凡「想」的發明家和創業家領導，但「數位時代大多數的創新其實都來自集體創作，」艾薩克森（Walter Isaacson）在《創新者們：掀起數位革命的天才、怪傑和駭客》（*THE INNOVATORS: How a Group of Hackers, Geniuses, and Geeks Created the Digital Revolution*）寫下他的綜合結論。

把人類帶到必須面對「高度連結、緊密融合、互動頻繁」情境的，正是涵蓋電子、資訊和電信三大領域的資通訊技術（Information and Communication Technology, ICT），三者間的融合愈來愈緊密，而行動寬頻技術在融合過程中所扮演的角色，愈來愈重要。

其中，各代行動通信技術標準便是全球相關領域專家集體創作、共同分享的成果。

在技術面，4G（Long-Term Evolution, LTE，長期演進系統）將與5G並存至少十年。

依據GSMA[1]《2019年亞太行動經濟研究》（The Mobile Economy Asia Pacific 2019）報告，自2013年至2018年，全球新增10億行動通訊用戶，達到51億，占全球人口67%，平均年成長率為5%。

不過，報告中也提到，成長幅度已然趨緩，預計2018年至2025年的平均年成長率為1.9%，總用戶數將在2025年達58億，占人口數71%。

以4G而言，用戶數在2018年達34億，超越2G，成為全球應用最廣泛的行動通訊系統。

若扣除有執照頻段的行動物聯網（Internet of Things, IoT）連線數，4G占全部行動通訊用戶數43%，其餘3G約占28%、2G約29.5%。

牽動2兆2,000億美元產值

行動上網人口數量持續增加，預計到了2025年，約有14億人第一次使用行動上網，全球行動上網總用戶數將達50億，約占人口數60%。

至於行動通訊產值，依照GSMA的統計，2018年，全球行動通訊技術和服務產出的經濟價值達3兆9,000億

1　GSMA（Groupe Speciale Mobile Association，全球行動通信系統協會），成立於1995年，為建置與推動GSM行動電話系統的共通標準而設。

美元，占全球GDP的4.6%。

　　由於各國皆得利於愈來愈多人使用行動通訊帶來的生產力與效率提升，到了2023年，經濟價值將達到4兆8,000億美元，占全球GDP的4.8%。

　　這種連網人數的成長，有助於達成行動通訊產業在聯合國推動的17項永續發展目標，刺激採用以行動通訊為基礎的工具和解決方案，如：在農業、教育和健康照護之應用，改善中低收入國家的生活水準。

圖1：十年之內，4G、5G仍將並存

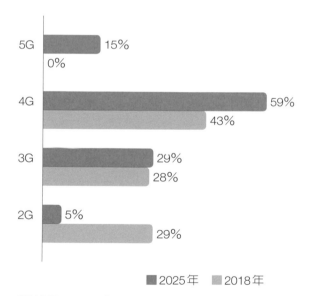

資料來源：GSMA《2019年亞太行動經濟研究》

表1：4G傳輸速率已可滿足一般使用需求

數據 項目	全台平均 （Mbps）	第10分位速率 （Mbps）	第50分位速率 （Mbps）	第90分位速率 （Mbps）
4G下載 速率	95.42	44.82	92.22	150.16
4G上傳 速率	26.43	12.78	27	38.89
雲端下載 速率	82.93	39.07	79.74	131.5
分位速率 說明	<ul><li>第10分位速率：90%的量測數據統計結果高於此欄之速率。</li><li>第50分位速率：50%的量測數據統計結果高於此欄之速率。</li><li>第90分位速率：10%的量測數據統計結果高於此欄之速率。</li></ul>			

資料來源：NCC《4G行動上網速率與通信中斷率量測 —— 107年度量測結果摘要報告》

　　4G時代如此，邁入5G時代，又將如何？據估計，在未來十五年，5G將為全球經濟帶來2兆2,000億美元的產值。

千億美元的資本支出

　　2018年年底，美國和南韓率先啟動5G商用，而在2019年年底前，還另有16個主要國家將啟用5G網路。

　　在終端裝置部分，2019年上半年便有39家業者推

出90款產品，其中單是智慧型手機就有25種；而2019年10月底召開的2019年世界無線電通信大會（World Radiocommunication Conference, WRC），主要議題是頻譜規劃與指配，對5G的未來影響重大。

在某些市場，如：美國、南韓、日本，用戶成長快速，但整體而言，5G客戶數要成長到關鍵規模，還需要一些時間，約莫到2025年才會大量普及。

在4G、5G的世代交替中，為驅動消費者更進一步參與，2018年至2020年，全球行動通訊業者將投入4,800億美元的資本支出，其中半數將來自預期2020年前啟動5G的業者。

由於大多數5G布建將於2020年後展開（2021年至2025年將有64個市場啟動，總數達116個），預期2020年的資本支出將高於1,600億美元。

面對如此踴躍的建設與投資，政府是否該有什麼樣的具體作為？

頻譜與法規是關鍵

先進的行動通訊網路是數位未來的關鍵元件，政府有責任創造有利數位經濟發展的環境，並修正不適當之監管法規。

迎接5G時代來臨，它落足何處？有多少揮灑空間？這是政府責無旁貸的應辦事項。

第一優先的，是分配足夠頻譜給5G。

5G的eMBB（enhanced mobile broadband，增強行動寬頻）高速數據通信，需要在中頻段（例如：3.5GHz）和毫米波（mmWave，例如：26GHz）有更大且連續的頻寬，才能發揮潛能。

目前，3GHz以下頻段皆已配置供4G、3G使用，若能重劃供5G使用，對於增進5G涵蓋將大有助益。

其次，鑑於5G需要網路密集化，行動通訊業界期望政府制定全國適用之法規，以利業者取得新基站位址或更新既有位址，甚至得以運用公共設施（如：建築或街頭設施）裝置通訊設備。

5G之外，行動通訊相關法規的現代化也十分重要，如：「黨政軍退出媒體」條款嚴重阻礙數位匯流之發展、《國家通訊傳播委員會組織法》限制委員會委員之資格條件，造成外行領導內行……，諸如此類，都應盡速修正。

遊戲規則即將改變

高通（Qualcomm）委託IHS Markit研究案《5G經濟：5G技術將如何為全球經濟帶來巨大貢獻》（The 5G economy: How 5G technology will contribute to the global economy）提到：

2035年，5G本身的價值鏈將產出3兆5,000億美元營收，5G價值鏈平均每年投資將達2,000億美元，並在

2035年支持2,200萬個工作。

從2020年至2035年，5G對全球GDP的總貢獻約達3兆美元，唯納入風險調整後，預估為2兆1,000億美元，相當於當今第七大經濟體印度的GDP。

另外，2035年，5G的產出將占全球經濟產值的4.6%，達12兆3,000億美元。其中，製造業所占比重最高，達28%，約為3兆4,000億美元。

當各種5G驅動的使用案例一一實現，其中所需的設備或器材都是製造業的產出，例如：運輸業得向製造業採購無人機，醫療產業須添購具有5G功能的器材。

「我們堅信，5G將成為改變遊戲規則的基礎，」高通執行長莫蘭科夫（Steve Mollenkopf）說。

5G將把行動通訊推向通用技術（general purpose technology, GPT），如同蒸汽機、電力、電話、個人電腦和網際網路等，成為大規模創新的基石，萌生新產業，全球經濟均將因而受益。

美、中之爭隱現端倪

5G技術將影響社會發展，甚至關乎國家競爭力。

中國大陸體認到，掌握5G技術，是成為未來世界技術領導者的關鍵，不僅無線通訊本身，還包含物聯網和人工智慧（artificial intelligence, AI），同時也促進其他產業的升級。

至於5G應用推廣，無疑是美國先行，初期贏在客戶數，但很快就會被大陸超越。

國際研究機構IHS Markit和柏克萊研究群（Berkeley Research Group）指出，美國和大陸在研究發展和資本支出都居主導地位，預計2020年至2035年，十六年間的投資金額分別為1兆2,000億美元和1兆1,000億美元。

共享頻譜，效益更大

歐盟委員會旗下設有通訊網路、內容和技術總局（Directorate-General for Communications, Networks, Content and Technology, DG CNECT），他們2016年的研究報告《為歐洲引進5G之策略規劃探討關鍵社會經濟數據》（Identification and quantification of key socio-economic data to support strategic planning for the introduction of 5G in Europe），為5G的社會經濟效益做了定性和定量分析與預測，也是歐盟第一次為新一代行動通信技術所做的這類研究，共有一百五十多位專家參與。

前幾代行動通信網路已經對社會經濟造成巨大影響，而歐盟這項研究的重點，落在四個垂直產業（汽車、醫療保健、運輸和公用事業），並設定四種不同環境（智慧城市、非城市地區、智慧家庭、智慧工作場所），探討5G的影響。

主要結論顯示，2020年在歐盟28個會員國部署5G

的成本，預估約為566億歐元；預估到2025年，5G在四個垂直市場將產生625億歐元的收益，其中汽車業占約67.5％；此外，在四個環境的收益則預估將達到506億歐元，其中智慧工作場所占約60.5％。

　　前述收益，63％來自企業，37％來自消費者和社會安全。而這些投資的成果，預計可在歐盟創造230萬個工作機會。

　　這項研究也分析了5G的頻譜挑戰和頻譜需求，結果顯示，需要在所有頻譜範圍內共享頻譜，尤其在6GHz以下頻段，分享愈多、效益愈大。

2. 超乎想像的創新

5G的傳輸速率更快，理論值最高可達20Gbps。但在速度之外，還有什麼特別的？

不同凡「想」的應用

2019年3月21日，路透社報導，AT&T[1]執行長史蒂芬生（Randall Stephenson）這麼說：

> 未來十年內，5G將推動所有美國工廠、公用事業、煉油廠、交通管理的運作，並對自動車十分有幫助。
> 如果這麼多基礎設施將與5G技術結合，我們是否要謹慎對待這項技術……

史蒂芬生的談話，正呼應當前美國政府對5G網路布建的重視。

若干年後，幾乎整個社會運作都離不開5G網路；而

1　AT&T（American Telephone & Telegraph，美國電話電報公司），成立於1885年，專業提供語音、數據、視訊等服務。

現在，就可以先看看幾項其他網路不太可能做到的應用。

應用一：虛擬實境，改寫距離定義

2016年12月30日，王菲在上海舉辦一場以VR（virtual reality，虛擬實境）直播為主的演唱會。據報導，此次演唱會直播結束時，共有88,000人在線上付費觀看，每人支付30元人民幣。

一位觀賞直播的記者談到，戴上VR頭戴裝置，多數情況下，你所在的位置（一台攝影機的位置）是最靠近舞台的，比第一排超級VIP座位還更接近王菲。

另有一台攝影機，架設在舞台後方，你可以和王菲用同一個視角看整個現場；此外還有一台攝影機在合音歌手的前方，又是另一個不同視角。

變化1：身臨其境的感受

這場VR直播，從機位擺設到內容呈現，都讓使用者充分享受到「身臨其境」的現場感。

現場記者表示：

在觀看過程裡，我有好幾次與現場粉絲共同尖叫歡呼，即使所用的VR手機盒子，因為網路信號傳輸問題，無法感受到主辦方所稱的4K高清畫質，但VR能給到的臨場感，已經一定程度彌補畫質差所帶來的缺陷。

VR體驗，並非5G的專利，消費者在4G網路早已初次體驗，只是時延和容量問題，讓這項體驗沒有想像中美好。

變化2：快速回饋

時延，即訊號從輸入到輸出所花的時間，是體驗沉浸式VR的關鍵因素。

當你向前行進，頭向左轉（輸入），你收看到的影視畫面（輸出）也跟著立即改變。

在理想情況下，5G的時延為1毫秒，加上10Gbps的數據傳輸速率，讓VR得以做到輸入與輸出之間能夠即時互動。

反觀4G，在一般情況下，傳輸速率為20Mbps～100Mbps，時延約為50毫秒，無法應付VR對速度和時延的嚴格要求。

變化3：多維度感官刺激

5G可以在VR中提供六維自由度，使用者可以即時旋轉360度VR視圖。換句話說，頭部移動會讓使用者連帶產生視角移動，所看見的畫面完全不同。這一點，是4G無法做到的。

目前大部分VR產品只有三維自由度，使用者可以轉動頭部並觀察四周環境，但在VR中的畫面視角無法即時顯現變化，因為目前的無線網路無法傳送並接收頭部和

身體同時移動產生的大量數據，再加上時延造成遲滯現象，大幅降低了沉浸式 VR 的效果。

然而，5G 網路能夠同時傳送、接收所有身體移動變化，甚至包括觸感數據（依使用的觸覺感測器而定），沒有時延或頻寬不足的限制，使用者得以感受更「真實」的沉浸式 VR，例如：

- 用戶能體驗世界各地體育場館或城市動態，有如親臨現場。
- 用戶可即時移動或環顧四周，探索各項賽事現場與錄影畫面。
- 5G 讓各行業的專家（如：醫師或服務工程師）在他的工作地點，就可虛擬勘驗問題和狀況，人們將可獲得遠端支援。

變化 4：實體與虛擬界線模糊

2019 年 1 月，AT&T 宣布，將把 5G 帶到位於美國德州阿靈頓市的 AT&T 體育館。

「預期 5G 將令現場觀眾模糊實體與數位，以戲劇性、令人興奮的方式，改變體育館內的體驗。這不是當今網路可以實現的，」AT&T 無線技術資深副總經理艾爾巴茲（Igal Elbaz）表示。

為做到 VR 轉播，體育館內配置許多攝影機，從不同位置取景。

現場觀眾坐在位置上，實體視角固定，但若有支援

5G的VR輔助觀賞，將可選擇從不同攝影機取得畫面，看到更多比賽實況。

這種體驗讓觀眾超越物理極限，在館內自由移動位置，看見更多畫面、看得更清楚。

應用二：擴增實境，重塑空間體驗

無獨有偶，台灣大哥大選擇新莊棒球場，結合VR與AR（augmented reality，擴增實境），提供多視角球賽即時轉播服務，建立5G服務網路的實驗場域。

改造1：跨界互動

到目前為止，所有VR應用，使用者都必須戴上頭盔，觀看頭盔內螢幕顯現的內容，無法看見身邊的實際現況，只能與在同一VR內容的用戶溝通。

換言之，VR密封了全球各地的用戶，以創造完全身臨其境的體驗。

然而，AR仰賴5G的低時延和高數據傳輸速度，增加用戶的現實體驗；它可以提供周圍物件的各種附加資訊、透視物件，提供即時語言翻譯，以及即時提供對單一事件不同角度的看法。

改造2：即時回應

不同於4G太容易阻塞，5G相當適合在一個區域內

串流服務，滿足眾多終端設備的使用需求。因此，日本為2020年東京奧運場地布建5G網路，所設置的AR將提供觀眾透過自備的終端，即時看到比賽和活動的多個視角，並且即時接收資料和語言翻譯。

在5G環境下，觀看任何一場運動賽事，就是如此方便、快速。

此外，曾經在台灣風靡一時的手機遊戲「精靈寶可夢GO」，也是AR的應用。

改造3：決戰千里之外

在軍事上，同樣可以看見AR的影響力。

根據彭博新聞社（Bloomberg）2018年11月29日報導，微軟贏得供應美國陸軍十萬個AR HoloLens頭盔的標案。不久後，美國陸軍士兵將戴著這個頭盔出任務和受訓。

報導中引用了美國政府對該計畫的描述：「透過提高在敵人面前偵查、決策和決戰的能力，可以加強殺傷力。」

事實上，美國陸軍和以色列軍方早已把微軟的HoloLens頭盔運用在軍事訓練，如今把它延伸到實戰任務，是AR應用的一大躍進。

蘋果執行長庫克在2017年11月表示，iOS11將導入AR功能，未來蘋果會讓AR成為主流；2019年5月，他在跟思愛普（SAP）執行長孟鼎銘（Bill McDermott）會

談合作時，又強調雙方致力於將 AR 運用在製造、零售和其他產業。

應用三：車聯網，保障行進安全

目前的汽車科技，還無法做到完全自動駕駛，但是要讓車輛連上網路，已經可以做到，例如：衛星導航與路況資訊、預告車子保養維護時間，以及歐盟強制的車輛緊急事故自動救援撥號等。

那麼，未來車聯網對民眾還可以有什麼幫助？

幫助1：掌握路況

在5G覆蓋的城市，車輛可以相互交換數據（vehicle to vehicle, V2V），也可以跟周邊的裝備聯繫（vehicle to infrastructure, V2I），例如：在紅綠燈、十字路口或停車場，即時監測、管理、疏導交通路況。

在這樣的情境下，駕駛人可以避開塞車、預先掌握停車位資訊，提高燃料使用效率。

幫助2：避免衝撞

增進行車安全的防撞系統，要求5毫秒的時延與99.999％可靠度，4G力有未逮，唯有期待5G。

「我們正在部署車輛連接平台，為雷諾、日產和三菱的客戶改變數位體驗，」雷諾—日產—三菱聯盟全球副

總裁摩斯（Kal Mos）在接受媒體採訪時表示。

他還提到，「透過與微軟的合作，我們正在推出最強大、最具深遠意義的車聯網平台。利用聯盟的規模，我們建立了一個智慧雲平台，為這個行業設定了標竿。」

應用四：智慧交通，提升運務效率

除了聯網車，交通運輸產業，如：陸運的公路和軌道運輸、空運的航空站與飛行器、海運的港口與船舶等，也是行動通訊的重要市場。

2019年2月，愛立信和中國聯通合作為青島港開發的5G智慧港系統，完成技術解決方案驗證。

2018年至2019年6月，德國漢堡港務局、德國電信和諾基亞合作，在面積約八千公頃的港口建置5G應用測試場。

這項計畫是歐盟5G-MoNArch計畫的一部分，聚焦在5G網路切片（network slicing）之應用，亦即在一個共同的基礎設施上有多個虛擬網路同時運作，每個切片（虛擬網路）各有特色，分別滿足不同應用或使用群組的特殊需求，目前已有三個使用案例。

案例1：疏導港務

在漢堡港務局子公司所有的三艘船上裝設感測器，即時監測、分析船隻在廣大港區的移動和環境資料。

港務局的港區道路管理中心利用連上行動網路的交通號誌，遙控漢堡港的車流，以引導拖車或卡車更快速、安全通過港區。

案例2：遠端指導

例如，在建築工地，現場維護團隊利用3D眼鏡，呼叫取得更多建築相關資訊，或由遠方專家以互動方式提供指導。

案例3：分析路況

在台灣，中華電信也有初步成果。

他們利用行動通信大數據（cellular vehicle probe, CVP），透過基地台蒐集手機註冊資訊，分析並推估人流、車流與行車速度，做為分析路況的參考。

如此一來，可以減少裝設eTag讀取器（reader）或車流偵測設備的投資，而這也是電信業者特有的資訊轉換價值之一。

應用五：串流服務，革新娛樂模式

有了5G技術所帶來的10倍速環境，需要40Mbps～100Mbps傳輸速率的超高畫質影視串流（UHDTV）變得可行，而5G對影視娛樂用戶行為的另一個影響，便是影視內容的下載時間大幅縮短。

2019年2月，上海虹橋車站的5G系統啟用會上，中國移動上海和華為展示了5G的1.2Gbps峰值速率，乘客下載2GB高畫質電影只花了不到20秒。

　　然而，串流運用在影視和音樂領域已司空見慣，5G更進一步，把影視遊戲也帶往串流。

　　現代影視遊戲存在影視資料量龐大和時延問題，但有了5G，就能做到按下一個按鍵，串流立即反應，目前已有影視遊戲開發業者宣布提供串流服務。

應用六：智慧製造，落實工業4.0

　　工業4.0的目標，是將所有製程和資源透明化，以達成效率極大化。為此，在產品生命週期中，各種物料、生產系統、供應鏈、人員和程序，包括：設計、訂單、製造、配送和現場維護，以及回收再利用，都需要彼此溝通。

　　5G具備的功能，如：定位、設備間的時間同步、安全和網路切片等，對某些製造業十分重要。5G結合電腦，如：邊緣運算（edge computing），對工業4.0可謂如虎添翼。

　　把5G的uRLLC（ultra-reliable and low latency communication，超級可靠與低時延）特性跟製程整合，將有利於製造業加速轉型，升級成為更有效率和生產力的智慧製造工廠。

為了充分掌握商機，有幾個關鍵事項非懂不可：

關鍵事項1：數位分身

傳統工廠的營運體系和資通訊部門雖然有關聯，卻分別自主運作。工業4.0要打破這道藩籬，藉由引進5G無線通訊技術，建立具有高度彈性的生產系統。

這種系統能夠蒐集製程中產生的數據，餵給「數位分身」（digital twins），使設計規劃、生產線模擬和虛擬交付使用等更加精進。

數位分身是一種軟體，使用者可透過程式設定，在構建和部署實際設備前進行模擬，而所有活動都在分身內部進行，不會影響其他與物件相連的應用程式。

關鍵事項2：功能整合

製造業對5G的特殊需求，有別於一般行動寬頻，例如：uRLLC的超級可靠、隨時可用，只有使用有執照頻譜的在地網路才具備此等特性。

因此，有必要與現有工業乙太區域網路和既有工業用網路節點與功能整合。此外，資安相關的數據完整性和隱私，以及即時監測表現，亦屬關鍵事項。

關鍵事項3：垂直整合

2018年12月，南韓政府與產業界合作，成立5G智慧工廠聯盟（5G-SFA），主要成員包括：韓國電子科技

研究院（KETI）、鮮京電信（SK Telecom, SKT）、三星電子、微軟南韓、愛立信－樂金（Ericsson-LG）、西門子南韓等公司。

南韓電信人員表示，5G商用開創一個讓南韓在智慧工廠發展領先的機會，搶先與工廠自動化專家及其他資通訊公司合作。

這關乎工業4.0或智慧工廠等垂直領域能否轉型成功，因為電信人員只懂電信，不懂應用面的專業，而垂直領域專家則不懂電信，雙方必須密切合作，找到數位轉型升級的訣竅與商業模式，且愈早進行愈有利。

關鍵事項4：一體化套件

針對工廠運用，鮮京電信推出一體化套件，提供5G網路、專業解決方案、數據分析平台和終端，讓製造工廠輕鬆轉型為智慧工廠。

這樣一來，戴著AR眼鏡的工人，可以即時檢查設備、零件狀態，而5G網路可在狹窄空間內，穩定連接許多終端設備，避免機器人在移動時碰撞。

應用七：遠距醫療，加速病情判讀

5G技術也為健康照護帶來新希望。

核磁共振（MRI）等取像機器會產生大量影像檔，且通常需傳送給專家解讀，當頻寬不足、速度慢，傳送

影像十分費時，或者傳送失敗，病患可能因此延誤治療。

這個問題，有了5G網路將徹底解決，美國德州奧斯丁癌症中心即是一例。

奧斯丁癌症中心使用正子斷層造影（PET）掃描器，每位病人的每項研究就產生出1Gbyte資料，以往都必須在下班時段傳送資料；有了5G網路，掃描完畢立即傳送，醫師可以很快收到判讀結果。

美國一項研究預估，2017年至2023年，遠距醫療需求的年成長率為16.5％。

遠距醫療需要快速傳送高品質影像，以往只有固網才能辦到；有了5G行動網路，健康照護系統啟動遠距醫療更為便利，讓病人更早得到診治，醫師和醫療人員也能更有效合作。

當醫療體系使用5G技術，可結合穿戴式健康偵測裝置蒐集病人健康數據，傳送到數據中心，透過人工智慧系統分析，提供可行的治療方案供醫師參考。

此外，5G技術可結合VR、AR、觸感技術，以及手術機器人等，都是促進醫療品質提升、造福更多病人的利器。

應用八：數據分析，打造智慧城市

運用資通訊技術，密切結合數位城市、物聯網、雲端運算和人工智慧，打造智慧城市，提升城市居民的生

活品質。其中，牽涉幾項重要技術，例如：

技術1：配置感測器，形成物聯網

在城市設施上加裝感測器並蒐集其數據，儲存在雲端，透過大數據分析和人工智慧，提出決策或建議。

中華電信在《智慧城市2020》報告中，便傳達出這樣的訊息。

2018年，中華電信參與政府智慧城鄉普及生活應用計畫，辦理新竹5G智慧路燈、宜蘭縣路邊停車資訊服務、農業NB-IoT、人工智慧管理顧田水、雄健康打造智慧樂活社區共照應用、高南嘉嘉智慧交通城市車流解決方案、花蓮社區基層衛生所及長照健康照護、雲嘉南無現金大學生活城等。

16個案子，涵蓋至少10個縣市，應用領域包括：智慧交通、智慧農業、智慧照護、智慧經濟（智慧零售、多元支付）、智慧路燈等。

智慧路燈是智慧城市的代表應用，中華電信在智慧路燈提供了空氣汙染偵測（含微型氣象站）、停車管理（攝影機空位辨識分析）、鄰里廣播、資訊看板等各種資訊、設備整合的管理平台。

技術2：結合電腦視覺與AR，提供導航能力

城市火災頻傳，消防人員聽到警鈴響起，拿取道具直奔火場救人。可是，有關火場的資訊有限，又受濃煙

影響，消防員易出現空間迷失現象，導致救人任務更加危險。

然而，透過5G，改變發生了。

在巴塞隆納舉辦的2019年世界行動通訊大會（Mobile World Congress, MWC），美國業者搖籃點（Cradlepoint）、威瑞森（Verizon Communications）和夸克科技（Qwake Tech）共同合作展示一項創新解決方案。

利用5G連線，戴上夸克科技結合電腦視覺和AR研發出的「看透」（C-Thru）面罩，在火場中為消防員增強267％的導航能力，對於高度危險處境的感知能力也隨之增強。

預見未來商機

5G的應用，從提升消費者使用行動通訊服務體驗開始，例如：在4G環境中，可以收聽串流音樂，但若轉換至5G網路，則可體驗4K等級的高品質串流。

隨著各種感測器、人工智慧、大數據、物聯網等的研發創新，數位分身技術除了做為物理資產數位化與管理，也逐漸導入電玩娛樂、健康醫療、製造業、無人車、建築、能源等產業運用。

透過5G先進的行動裝置，或許，不久的將來，每個人都有一個數位分身。

在工業4.0時代，智慧製造帶動轉型升級，例如：將

傳統工業製造物件轉換為數位元件，建立虛擬廠區、虛擬製程等模型，供製程或產品優化、測試使用；未來，在虛擬社群活動中，利用5G網路，數位分身也可能以不同型態呈現。

5G掀起的浪潮，鋪天蓋地而來，各行各業雨露均霑，只是遲速有別而已。

3. 從爭取數位轉型到搶占數位紅利

　　在Google搜尋引擎，輸入「digital transformation」（數位轉型），回應你的，是4億1,400萬個條目；輸入「industry 4.0」（工業4.0），回應的條目數是4億2,900萬；更勝一籌的，是「digital dividend」（數位紅利），輸入後會有4億5,500萬個條目出現。

　　這些數字代表：轉型只是過程，目的在創造紅利。

ROI？RONI？

　　為什麼要做數位轉型？

　　這是個好問題，但是不容易回答。因為產業界普遍還不熟悉數位轉型究竟是什麼，更遑論創造數位紅利。

　　數位轉型，它不只是添置電腦、通訊設備、感測器等技術組件，它還需要涵蓋商業模式、組織和企業文化等內涵。

　　傳統上，企業一般會以投資報酬率（return on

investment, ROI）來衡量某項投資的價值，但面對數位轉型，這個標準恐失於偏頗。

或許，換個角度看，會有更清晰的思路。

別問：「假如我做了，會有什麼效益？」

改問：「假如我什麼都不做，會失去什麼？」

新問題代表的是新思維，也就是考量「不投資報酬率」（return on non-investment, RONI）。

客戶為何會流失？

當革命性的典範轉移出現，如果無所做為，後果往往十分慘烈。

就拿2018年台灣電信界所謂「499之亂」的行動通信價格戰為例，何以致之？

一種說法是，領先業者因擋不住行動通信客戶流失，因此藉2018年母親節，推出廣泛適用之499吃到飽方案，以期終止客戶流失 —— 促銷目的達成了，但是代價昂貴，營收從此下滑。

是什麼原因，導致領先業者的客戶嚴重流失，甚至必須採取這種激烈手段？

固然競爭者已推出某種499方案促銷，但只要行動通信品質好，忠誠的客戶不會輕易離開。那麼，到底發生了什麼事情？

究其根源，領先業者先前為追求高盈餘，大幅降低

資本支出，讓行動通信品質降低，才是造成客戶流失一瀉千里的原凶。

RONI，的確是值得警惕的指標！

重塑商業模式

麥肯錫數位（McKinsey Digital）以工業4.0為例，探索數位轉型驅動數位紅利的機會。他們在〈工業數位化：從流行語到價值創造〉（Digital in industry: From buzzword to value creation）一文中指出：

專家們利用麥肯錫數位指南針（McKinsey Digital Campass）將工業4.0發揮的槓桿效益，映射到價值驅動的八個功能，各個功能的影響潛力都頗為可觀（表1）。

文中強調，這不是科幻小說，在工業領域中存在卓越的案例，已經證明可以做到（表2）。

數位化也將重塑公司與客戶互動和服務的方式。

改變1：擴大觸及面

對於受到最小訂單量和特定市場服務成本限制的企業，電子商務和網路商店可讓公司擁有以前不可能接觸到的客戶，服務成本降低50%～70%，例如：

- 亞馬遜商業和阿里巴巴等線上交易市場，連接了無限的買家和賣家。
- 老牌工業材料供應商固安捷（Grainger）是北美

表1：工業4.0槓桿效益驅動八項價值

	價值驅動	槓桿效益
資源程序	• 智慧能源消費 • 即時產出 • 最適化	生產力增加3%～5%
資產利用	• 機器彈性 • 遠端監控 • 預測性維護	機器故障時間降至30%～50%
人力	• 人與機器人合作 • 數位化表現管理 • 知識型工作 • 自動化	以自動化知識專業，提高生產力45%～55%
庫存	• 現場3D列印 • 即時供應鏈優化 • 批量管理	庫存費用減少20%～50%
品質	• 統計流程控制 • 先進流程控制 • 數位化品管	品管費用減少10%～20%
供需搭配	• 數據驅動之需求預測 • 數據驅動創價設計	預估正確率提高85%
上市時間	• 與客戶共同創造同步工程 • 快速實驗和模擬	上市時間減少20%～50%
售後服務	• 預測性維護 • 遠端維護 • 虛擬導引自助服務	維護費用降至10%～40%

表2：數位紅利在工業領域落實

產業項目	應用成果
石油和天然氣	**預測性維護可減少意外停機的機率和維修費用。** • 連網的工廠可使用遠程感測器，預測和報告機器的狀況。 • 檢測並解決早期發生的問題，將維護資源放到最需要的區域，並最大化機器可用性。
紙漿和造紙	**使用遠程溫度監測，生產效率顯著提高。** • 以先進的工具分析石灰泥溫度，控制煅燒進度。 • 自動優化火焰的形狀和強度，從而驅動熱量通過窯，使燃料節省高達6%，石灰吞吐量增加16%。
製造	**重複和複雜的任務由機器人執行。** • 資訊系統優化物流，經營者可花費更少時間等待貨物、流程或填寫日常文件。 • 即時分析，可以立即察覺錯誤，大大減少重工和報廢數量。 • 自動庫存系統運用帶有攝影鏡頭的無線裝置，當存量低於管控值時，會自動下單訂購，確保庫存數據準確。

排名第十一大的電子商務零售業者，從1996年推出電子目錄以來，至2016年，超過65％的訂單來自網路，超過85％的訂單透過線上平台直接出貨給客戶，數位平台貢獻的營收占全公司營收至少50％。

改變2：優化定價

依賴經驗制定價格的供應商，現在可以使用更快的

數據驅動工具來優化定價，例如：

- 一家擁有眾多且高度分散產品組合的公司，可使用數據分析，設計更具策略性和邏輯性的定價方法，且新定價可讓銷售收益增加5％。
- 新興市場可以透過精準農業、供應鏈效率和以農業為焦點的支付系統，開發食品鏈數位化的潛力。

改變3：有效分配資源

行銷主管可以根據銷售人員的即時輸入、個人績效數據和工具的自動建議，制定更明智的資源分配決策。

製作銷售建議的人員，不再需要依賴客戶想要的產品，而是利用有關銷售產品的洞見、客戶的成功案例，以及在銷售拜訪期間與客戶進行的模擬，吸引新客戶，改善交叉銷售，可使收入增加5％～15％，客戶滿意度則可提高20％～30％。

變革需要來自高層的支持

網路技術的興起，傳統企業面臨像亞馬遜商業這類新競爭對手的威脅 —— 提供數百萬種產品，從汽車零組件、工業電梯到實驗室產品、防護裝備和電氣設備。

要克服威脅，唯有走在威脅之前。

企業可利用數位化技術改造和擴展商業模式，一些老牌企業正在加入數位平台和B2B市場，匯總需求，向

最終用戶銷售。

例如：巴斯夫（BASF），是第一家通過阿里巴巴線上銷售產品的化學品公司。

位在法國的3D列印公司Sculpteo，銷售服務而非產品；此外，還有一些公司將其製造能力做為服務，提供給第三方。

麥肯錫數位的專家強調，數位轉型在工業領域的潛力巨大，能對公司獲利產生最大影響的槓桿作用。他們提醒，高層管理人員對數位化的承諾，是取得成功至關重要的條件。

｜數位轉型，賺取生產力紅利 ｜

數位化為製造業者帶來什麼價值？德國西門子對此做了研究，並且提出《數位化生產力紅利》（The Digitalization Productivity Bonus）研究報告。

這項研究動員60家跨國工業公司、涵蓋11個國家的管理顧問公司專家和學者，請他們深入分析，數位化能夠為業者增加多少製造生產力，以及因此又將帶來哪些潛在利益。

所謂製造生產力，意指生產費用減少，也就是盈餘增加，亦即數位化生產力紅利。

《數位化生產力紅利》報告的結論是：2025年，數位轉型帶來的數位化生產力紅利，平均占總營收6.3％～

表3：工業4.0融資工具

融資工具	重點說明
依需使用設備和技術之融資	旨在獲得系統、技術或設備，通常是某種形式的融資租賃、經營租賃、租賃或租購安排。
	金融家安排財務期和條款，以配合製造商從使用該技術中獲得預期收益。
軟體融資	工業4.0的轉型，很少是純粹的軟體投資，大多數解決方案都涉及硬體和軟體。
	有能力提供資金的金融家，了解軟體可能產生的成果與風險，將軟體元素納入融資方案中。
過渡融資	轉型為數位化製造環境的利益顯而易見，但必須謹慎管理轉型過程，且須在現實生產環境中嚴格測試新技術，消除商業風險。
	金融家提供融資安排，推遲支付新系統的時程，直到它啟動運作正常，以免舊系統仍在運行，卻要支付新系統之費用。
技術升級融資	在數位化世界，技術創新所需的時間愈來愈短，設備和技術融資可以在融資期間提供升級選項，防止技術過時，升級則可能涉及更換新模型或主要技術平台的改進。
依產出（結果）付費之融資	愈來愈多的融資，透過技術提升節省支出或增加收益，並以此支付每月款項，使得製造商技術成本隨時間推移變為中性。
	節能技術服務，就是典型的例子。
營運資金解決方案	企業購買數位化技術或設備時，可能面臨現金流的挑戰。因數位化可能增加產能，因而需要採購更多原物料。
	透過某種型式的發票融資，可協助企業克服挑戰。

基於資產的貸款	製造商業務因數位化而快速成長，可能造成流動性緊縮，而基於資產的貸款，可提供製造業者取得因為資本資產鎖定而短缺的現金。
	由製造業者的應收帳款和庫存擔保的循環信貸額度，提供滿足日常現金需求的流動性，業者可利用現金維持日常營運、成長、併購，或因數位轉型升級引發的重組。
併購／成長融資	投資數位化的製造業者將獲得收益，並增加市占率，不做的可能付出代價。
	對這些數位贏家而言，時機恰當時，透過併購可讓業務成長，例如：併購體質欠佳的競爭者或策略性併購，進入新地理區域擴大市場。
	製造商可利用金融家提供的服務，得到量身定製的企業貸款，並為日常使用和策略性成長提供循環信貸。有時，會由幾家銀行聯合提供貸款。
再融資／資本重組	製造商可能需要管理債務，或可能經歷金融所有權變化。
	金融家提供定期貸款和循環信貸措施，因此製造商可調整其資本結構以改善債務、分配股利，並促進所有權變更，降低資金成本。
	製造業者數位轉型後，可能從傳統的資本結構中脫穎而出，繼續成長，因此可能需要再融資，取得更有競爭力的利率。

9.8％。

　透過新技術降低生產成本，省下來的錢，可以用來投資成長性事業，也可以返還給股東，皆為價值創造的合理分配。

　西門子研究調查團隊也收到一些回饋意見，例如：
一家德國金屬加工業者說：

「投入全數位化和自動化智慧工廠後，生產每種產品的實際成本效率，五年內增加約30％。」

某美國微生物學產品公司表示：

「第四代工業生產技術帶來的數位化和自動化，讓我們的純益率上升50％。」

某法國電機設備製造業者說：

「投資工業4.0，將於2020年帶來九位數的盈餘，並且稅前息前盈餘（earnings before interest and tax, EBIT）增加三分之一。」

俄羅斯的精密組件製造業者指出：

「3D列印和設備數位化讓生產成本減半，甚至更多。使用現代化技術，升級傳統零組件生產方法，讓我們成為全球市場上具有競爭力的佼佼者。」

中國大陸微處理器製造者聲稱：

「數位化生產系統匯集了大量的製造進度數據，為了處理和分析累積的大數據，我們建立一個大數據平台，可偵測設備即將出現的問題。以整體營收為基礎計算，生產力約提升10％。」

專業融資，創造永續經營能力

數位轉型的目標之一，是創造永續經營的能力，俾能繼續投資數位化和自動化新技術系統。然而，如果沒有適當的財務工具，業者很難做這種投資。

西門子的研究團隊認為，這時候需要專家融資技術進場。這種融資技術，讓組織可以用數位化生產力紅利，資助數位化技術與設備。

簡言之，這些融資方法把新世代技術所需的費用，跟數位化生產力紅利的收益畫上等號，結果是收支平衡，甚或更佳。顯然，工業4.0推動的速度，跟有沒有這種專家融資技術可用，有密切關係。

西門子研究把這種財務工具稱為「工業4.0融資」（Industry 4.0 Finance），並列舉九種融資工具（表3）。

工業4.0融資的實施，通常由懂得數位轉型、了解如何創造數位化生產力紅利的專家協助。有時候，融資安排就寫在商業模式的價值主張中；也有些時候，會由技術提供者為客戶介紹融資提供者。重要的是，必須全盤了解完整的解決方案，以選擇最佳融資方法。

接下來看看工業4.0應用在各產業的例子，企業主會更能理解具體內容。

應用一：食品與飲料業

全球食品與飲料業推動數位轉型，帶來的數位化生產力紅利為2,900億～4,500億美元。

這數字如何得來？把數位化生產力紅利模式，應用在11個國家的食品與飲料業，將「平均紅利百分比範圍」與「年度總營收」（得自第三方正式數據）相乘，得到的

金額，即為數位轉型獲得的生產力提升（圖1）。

　　不過，數位化生產力紅利只是食品與飲料產業數位轉型得到的價值之一，進一步探討，會發現還有許多其他好處（表4）。

應用二：製藥業

　　西門子研究團隊把研究模型應用於製藥業，並在11個國家估算，投資數位化工業4.0技術，製藥業可獲得的數位化生產力紅利（圖2）。

　　製藥業的全球數位化生產力紅利，為670億～ 1,050

圖1：數位轉型為大陸食品與飲料業帶來明顯的生產力提升

（單位：10億美元）

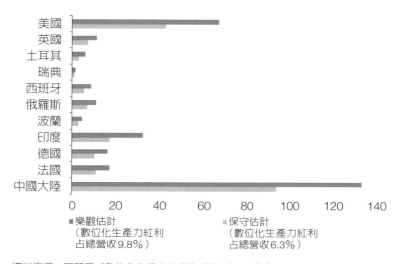

資料來源：西門子《數位化生產力紅利》報告（2017年）

億美元。此外，製藥廠的當機率通常較高，但有了機器之間的物聯網通訊、機器學習人工智慧提供無縫隙流

表4：數位轉型帶動食品與飲料業供應鏈與品質改善

項目	好處
食品供應鏈	**確保品質** 例如：食品加工業可以透過數據分析，在農產品採收前預測使用的原料品質，進而調整製造程序或另尋其他原料。 **提升效率** 例如： • 透過雲端平台連結各部門，縮短新產品上市時間，提高能源使用效率。 • 有些食品生產工廠運用分析技術，預測機器效能，做好維護工作，避免意外當機。 • 利用3D列印技術製作糕餅，樣品幾天就出爐，既快速又經濟。 **創新包裝** 例如：一家飲料公司，經由與眾包（crowdsourcing）平台合作，得到依客戶需要貼標籤的包裝創意，即使只是少量訂購，產品包裝也能有客戶自己的標籤。
食品品質	**避免食安與庫存問題** 對許多食品製造商而言，產品有效期限無疑是個重要問題。所以，在通路和供應鏈中，上、下游流通的資訊，有助於協調供給端和需求端，以免過量生產或超額下單。 **避免冷、熱食品互相干擾** • 食品和飲料分熱食品和冷食品兩大類，在製造過程和運送途中不可相互干擾，以免破壞品質。透過物聯網監測冰箱，預防任何異常狀況。 • 熱食也有溫度不得低於標準溫度的管控，而智慧運輸的貨櫃車，在運送過程中監測食品溫度，必要時予以加熱。

程，以及預測性維護和自動校正，可降低當機率30％～40％。

改善流程

製藥廠的生產環境具有高度敏感性，因為如果產品出錯，可能讓患者病情加劇或死亡，造成藥廠業務嚴重受損，以及名譽掃地等後果。

數年前，某家全球知名藥廠因包裝和人員監測失誤，導致回收超過50萬顆藥品。若使用數位感測器和機器人、投資高可用率電腦，就可以確保傳送的數據正確無誤。

提升效能

全自動化的生產線也帶來其他效益表現，例如：潔淨室製程易於維護、即時分析製程表現，用以改善並提升效能。

另一個製程數位化的例子是：一家製藥商在製造流程中裝設數位感測器，蒐集視覺、環境、溫度、化學監測等影像或數據。以往需要花費眾多人力，如今則可自動完成。若數據超出設定範圍，也因有了警示機制得以及早處理。

個人化配方蔚為趨勢

隨著個人化配方在製藥業漸成趨勢，數位化製程也

圖2：美、中兩國製藥業均因數位轉型獲益匪淺

（單位：10億美元）

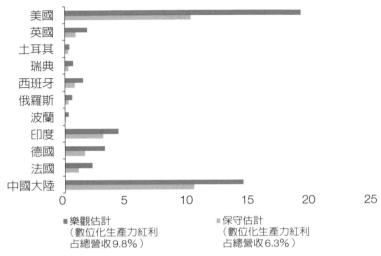

資料來源：西門子《數位化生產力紅利》報告（2017年）

日趨重要。

　　儘管個人化藥物引發了關於品質、批次穩定性和風險管理等問題，但是在某些領域，能夠做到大規模生產的價格、製造短期定制療法，也確實有其效益。

　　目前，已有製造商正在以止痛組合藥品，試驗這種數位化製程。

保障用藥安全

　　數位化對製藥業的另一個貢獻，是防偽。

　　有一家仿製藥製造商，他們在某些國家發現幾種假

冒產品，於是在包裝中運用數位簽章加密，以便追蹤真實產品及分銷鏈（包含分銷商、藥劑師和零售商、臨床醫師和患者），醫療單位也可經由安全入口網站在雲端核對產品。

仿製藥又稱非專利藥，指在專利藥物的專利到期後，推出與專利藥化學成分完全一致的藥物，在保證藥品品質的前提下，大幅降低藥品價格，患者的治療費用也得以降低。

提升管理效率

從供應鏈到分銷鏈的數位資訊整合，也大幅提升供需管理效率。

例如：一家醫材製造商已與特定地點的所有醫院建立連線，以便匯總匿名患者數據，並使用預測分析，規劃製造產量。這項試辦計畫已有相當高的正確率，預計在2020年逐漸推廣至全美。

TOWER RECEPTION

SIGNAL TRANSFER

CONNECTIVITY

CELL PHONE TOWER

TRANSMISSION

WIFI SIGNAL

SERVICE RADIUS

SIGNAL

SIGNAL EMISSION

SERVICE RADIUS

CELL PHONE TOWER

TRAN

WIFI SI

第二部

改造數位版圖

全世界都在數位轉型，
你準備好了嗎？

1. 向130年歷史告別

三十年前，你不會邊走路邊講電話……

十五年前，你不會用手機連線玩遊戲，頂多看看新聞，或是做為筆記型電腦上網的數據機……

十年前，你不會拿手機找路，開車時的GPS（Global Position System，衛星定位系統）有專門的導航機……

五年前，你會用手機上網看小說、發送即時訊息、把日常生活拍照上傳……

現在，你要搭車可以預先用手機上網叫車；吃飯可以付現、刷卡或「刷」手機；跟朋友約會要分攤費用，不必連到網路銀行也能轉帳……

從類比到數位

1981年，北歐諸國首先推出北歐行動電話服務（Nordic Mobile Telephone, NMT）；隔年，北美類比式行動電話系統（Advanced Mobile Phone System, AMPS）問

世。這兩套系統都是類比式，只有通話功能，手機號碼燒錄在手機裡，從此打電話不再只能使用室內固定電話或公用電話。

不過，相較於日後的數位式行動電話系統，類比系統的手機跟基地台介面比較簡單。因為使用800MHz頻段，AMPS網路穿透性較佳、傳輸距離較長，但安全性不足，手機號碼遭盜用時有所聞。

要解決這個問題，必須在數位訊息中運用保密技術，並結合可供身分認證的電子晶片卡，於是，數位式行動通信系統GSM（Global System for Mobile Communications，全球行動通訊系統）技術標準應運而生。

兩種系統截然不同，行動電話用戶必須更換原本使用的手機，並向行動通信公司領取SIM卡（subscriber identity module，用戶身分模組），裝在手機插槽中，開卡啟用，才能連接到GSM行動網路。

從通話到通訊

雖然有點麻煩，但GSM確實解決了手機號碼盜拷問題，並且增加了數據通信功能，傳輸速率可達9.6Kbps，最常見的應用就是收發簡訊與電子郵件，而這兩項功能的普遍使用，消滅了盛極一時的呼叫器服務。

為了與AMPS區隔，GSM又稱為第二代行動通信系統，2G。之後，3G、4G陸續問世。

3G，指的是數據傳輸速率最高可達384Kbps的UMTS（Universal Mobile Telecommunications System，通用行動電信系統），2004年至2005年間開始普及。

　　不過，當時固定通信透過ADSL（asymmetric digital subscriber loop，非對稱式數位用戶迴路）上網，傳輸速率可達512Kbps至1.544Mbps，行動電信只有「移動性」優於固定通信上網。

　　這時，劃時代的產品出現，也就是2007年上市的iPhone，智慧型手機大幅改變市場規則，而應用程式商店的出現，則改變了人們休閒娛樂的生活方式。

　　遊戲、購物、旅遊、交通……，消費者產生內容上傳與下載影視內容至手機的需求，高速下鏈分封接取（High Speed Downlink Packet Access, HSDPA）技術上場，傳輸速率推升至3.6Mbps；之後，上鏈速度也提高，上、下鏈結合成為高速分封接取（HSPA）技術，俗稱3.5G。然而，這樣的速度還是不夠。

告別電路交換世代

　　行動通訊技術演進至此，隨著網際網路日益普及，構成網路的基本規約和架構已趨一致，成為全IP（all-IP）網路架構，4G登場。

　　相較於2G、3G採用傳統的電路交換技術傳輸語音，搭配網際網路分封交換技術TCP/IP（Transmission Control

Protocol/Internet Protocol，傳輸控制協定／網際網路通訊協定）進行數據傳輸，4G從標準制定時便強制要求，包含語音也必須採用全IP技術，也就是VoIP，俗稱網路電話，4G也成為第一個全IP的行動通信系統。

不過，在真正進入IP世界之前，如果業者尚未提供VoIP服務，4G規格允許折回3G網路建立連線，且大部分4G業者也有3G網路，故皆以此方式提供行動電話語音服務。唯獨純4G業者別無選擇，用戶必須選購有VoIP或VoLTE功能的手機，才能使用電話。

自此，超過一百三十年的電路交換技術從歷史洪流中退位，準備邁入全IP時代，也就是進入5G世代。

然而，伴隨電路交換網路凋零的，還有服務人們一百三十餘年的固定網路（fixed network）。

5G架構的關鍵設計之一，是固網與行動融合（Fixed and Mobile Convergence, FMC）。而5G核心網路將成為新的無線接入技術，以及現有固定和無線網絡（如：無線區域網路〔wireless local area network, WLAN〕）的共同核心網路。

新興的資通訊技術，例如：虛擬化、雲端運算、軟體定義網路（software-defined networking, SDN）、網路功能虛擬化（network functions virtualization, NFV）正在改變電信業者的網路，包括固定和行動網路，以實現高資源利用率和網路靈活性。

網路功能融合，在5G環境中水到渠成。

2. 驅動萬物聯網

它不只是一個網路、一支手機、一台終端設備，也不只是一種應用、一家電信業者……

它是一個有生命力的生態系統，它的任務是驅動行動與連網社會的完整發展。

5G 是驅動行動與連網社會的端到端生態系統，它透過既有和新興使用案例，為客戶和合作夥伴創造價值，提供一致的體驗，並經由可持續的商業模式實現。

這一段話，是 NGMN（Next Generation Mobile Networks Alliance，新一代行動網路聯盟）對 5G 願景的敘述，可說是十分貼切。

改變的力量

未來，是萬物聯網（Internet of Everything, IoE）的時代。

想像一個明日世界：每個人身上，舉凡手機、穿戴式裝置等配備，都可能具備連網功能，成為巨大網路中的節點，演繹新經濟模式，形成一個與以往截然不同的生態體系。

3GPP（3rd Generation Partnership Project，第三代合作夥伴計畫），是5G規格的主要制定者。

2017年12月22日，3GPP在葡萄牙里斯本召開會議。期間，RAN（radio access network，無線接取網路）工作組向TSG SA（Technical Specification Group System Aspects，技術標準工作組系統方面基礎架構）大會詳細提報了NSA 5G NR（non standlone architecture 5G new radio，非自主式5G新無線電網路基礎架構）規格，揭開5G時代序幕。

不過，NSA 5G NR仍然必須仰賴4G核心網路運作，因此無法達到5G應用所需的低時延、網路切片、行動邊緣運算（mobile edge computing, MEC）等要求。

5G規格底定

5G標準的制定，持續向前推進，約莫半年後，2018年6月14日，3GPP TSG第八十次大會在美國拉荷亞（La Jolla）舉行，核定自主式（standalone）R15（Release 15）5G技術標準，5G商用服務向前邁進關鍵的一步。

自主式5G NR提升了網路速度與流量，得以符合5G

對 eMBB 和最基本的 uRLLC 使用情境的技術指標。

自此，系統廠商可提供符合 5G 標準的端到端解決方案，而有了晶片大廠陸續推出的 5G 晶片解決方案，終端裝置業者的 5G 智慧型手機或其他相關產品設計也可加速推進。

3GPP 提出的這兩份 5G 標準，預計 ITU（International Telecommunication Union，國際電信聯合會）[1] 將於 2020 年正式核定。如果說，3GPP 是 5G 標準的制定者，ITU 便是 5G 標準誕生的推手。

ITU 催生 5G

依照 ITU 的規劃，將以八年時間，分兩階段，制定 5G 標準。

階段 1：規劃諮詢

自 2012 年起步，預計用五年時間，以願景、頻譜、技術觀察，做為撐起未來舞台的三根支柱。

這個階段，又細分為二：

2012 年至 2014 年，辦理發展規劃、了解市場與服務意見、啟動技術開發和研究計畫、定義願景與名稱、徵詢 6GHz 以下頻譜意見，以及優化程序。

2015 年 9 月公布代號 ITU-R M.2083-0 的文件《國際行動電信願景：2020 年及以後國際行動電信未來發展

1　ITU 是聯合國歷史最悠久的特屬機構，負責資通訊技術相關事務，如：全球無線電頻譜協調與共用、衛星軌道指配，促進全球技術標準之發展。

框架和總體目標》（IMT Vision - Framework and overall objectives of the future development of IMT for 2020 and beyond），簡稱為 IMT 2020，也就是通稱的 5G。

2015 年至 2017 年，則從事諸如頻譜／頻段安排、技術表現需求、評量準則、邀請建議書，以及分享研究成果等事宜。

階段 2：定義標準

自 2018 年至 2020 年，定義技術標準，以三年時間密集討論建議書、分享研發成果、反覆評量、建立共識，俾完成頻譜／頻段安排、決定無線電框架、無線電細部規格，以及強化與提升程序和規劃。

「IMT 願景」綜合來自 NGMN 和其他機構的意見，揭露未來趨勢，也形同宣告：5G，真的要來了！

擘劃三大使用情境

ITU 將 5G 應用歸納為三大情境（圖 1）：

情境 1：eMBB（增強行動寬頻）

行動寬頻向來提供以人為中心的應用，如：接取多媒體內容、服務和數據。這方面的需求會持續增長，必須透過 eMBB 技術才能做到。為此，又涉及兩大重點：熱點（hot spots）與廣域涵蓋。

就熱點而言，使用者密集，需要很高的訊務容量和很高的數據速度，遠高於廣域涵蓋的使用者，但移動需求很低。

至於廣域涵蓋，則是必須做到無縫涵蓋，滿足中速至高速移動的需求，並且提供比目前更高的數據速度，但可以比熱點稍微慢一點。

情境2：uRLLC（超可靠與低時延通訊）

uRLLC的使用情境，例如：工業製造或製程的無線控制、遠距醫療手術、智慧電網的自動配電、交通運輸安全等，對數據通透率（throughput）、時延、可用性等功能，有很嚴格的要求。

情境3：mMTC（巨量機器型通訊）

符合mMTC（massive machine type communication，巨量機器型通訊）的使用情境，特色是有非常大量的連網裝備、傳輸的數據量相對低，且非延誤敏感型數據，而這種裝備通常價格低且電池壽命長。

3GPP落實技術報告

3GPP則是將5G使用劃分為四種使用情境。

2015年，在3GPP負責服務與特性需求規格的SA1工作組，提出「新服務與市場技術驅動力可行性研究」

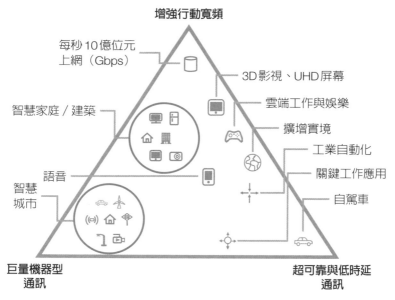

圖1：ITU定義的5G使用情境

增強行動寬頻

每秒10億位元
上網（Gbps）

3D影視、UHD屏幕

雲端工作與娛樂

智慧家庭／建築

擴增實境

工業自動化

語音

關鍵工作應用

智慧
城市

自駕車

巨量機器型
通訊

超可靠與低時延
通訊

資料來源：ITU

（New Services and Market Technology Enablers），整理來自不同組織的使用案例，共計74個。

這些組織，包括：NGMN、歐洲5G-PPP（5G-Public Private Partnership，5G公私合作）、中國大陸IMT 2020計畫、美洲4G、GSMA，以及日本標準制定組織ARIB（Association of Radio Industries and Business，日本無線電產業與商務協會）。

3GPP SA1工作組把這74個使用案例重新歸納，寫成

四篇技術報告，定義出四大使用情境（圖2）：eMBB、關鍵通訊（critical communications）、mMTC，以及網路營運（network operations）。

四大使用情境中的前三類，與ITU提出的相近，第四類則差異較大，是3GPP SA1定義的新類別；它並不針對個別服務表現有所要求，而是更加注重5G網路必須滿足的營運需求。

這四篇技術報告隨後整合成為3GPP技術規格「下世代新服務與市場之服務需求」，成為3GPP各工作組為5G標準努力的基礎。

3GPP認為，這項服務規格要求的內容不可能一次到位，應該分階段推出。難得的是，前述2017年12月和2018年6月兩份標準的完成，比原來設定的5G標準制定時程提前了半年！

新興應用順勢而來

ITU在願景規劃階段，看到很多新的應用趨勢，總共可歸納為八大新興使用案例：

案例1：低時延且高可靠之以人為中心的通訊

人們期待的體驗是，隨心所欲資訊來，一個點擊便可瞬間獲得應用所需資訊（即快閃行為），沒有任何延誤等待。

圖2：3GPP定義的5G使用情境

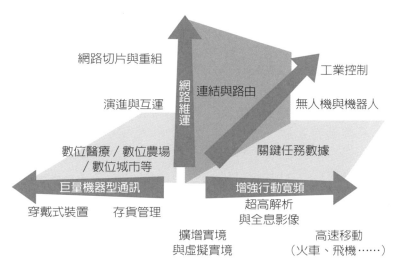

網路切片與重組

網路維運

連結與路由

工業控制

演進與互運

無人機與機器人

數位醫療／數位農場
／數位城市等

關鍵任務數據

巨量機器型通訊

增強行動寬頻

穿戴式裝置　存貨管理

超高解析
與全息影像

擴增實境
與虛擬實境

高速移動
（火車、飛機……）

資料來源：3GPP

　　資訊快閃行為需要低時延、高可靠的通訊，將驅動未來在健康、安全、辦公室、娛樂和其他領域諸多新應用的發展，也將是雲端服務和VR與AR等應用成功的關鍵因素。

案例2：低時延且高可靠之以機器為中心的通訊

　　今天通訊系統中有關時延和可靠性之設計，係以使用者是「人」為考量；未來的無線通訊系統，新應用之設計則是以有即時要求的「機器對機器」（M2M）通訊為主。

　　舉例來說，像是無人駕駛車、增強型雲端服務、即

時交通控制之最佳化、緊急和災害應變、智慧電網、電子健康、高效率工業用通訊等，都是機器對機器的通訊應用。

案例3：支持高密度用戶

使用者預期，在5G環境中，即便有大量用戶同時使用無線通訊系統，例如：在單位面積內有一群高訊務密度的使用者，或大量手機和機器／裝置同時使用，依舊能夠獲得滿意的體驗。

可能出現這種應用的場域，例如：

- 吸引大眾聚集的大賣場、體育館。
- 有資訊娛樂應用或影音內容，透過同一個細胞（行動基地台天線涵蓋區域）同時提供給眾多客戶，例如：在開放空間舉辦的節慶活動中。
- 無預警交通阻塞或使用大眾交通工具的旅途中，用戶需要撥打行動電話。
- 在機關或組織任職的專業人士，如：警察、消防員、救護車醫護人士等，在群眾聚集環境中工作，必須使用公眾通訊網路和機器型通訊裝置。

案例4：在高速移動時維持高品質

2020年以後的連網社會，使用者要求的不只是靜態使用時的高品質體驗，如：在家或在辦公室，而是要求在動態行進中，如：搭乘汽車或高速鐵路，也能擁有最

佳體驗。

置身在汽車或高鐵這類移動平台上，可以透過行動通信、無線區域網路，或其他有適當回傳電路（backhaul）的網路連線。

為高速移動用戶和通訊機器裝置提供「最佳體驗」，需要強大、可靠的連接解決方案，以及在行進狀態下有效維護服務品質的能力。

案例5：增強多媒體服務

對於行動高畫質多媒體的需求增加，不再限於娛樂，可能延伸到醫療、保全、安全等領域，媒體傳送對象包括個人和群組。

用戶設備將獲得增強的媒體消費功能，例如：超高畫質顯示、多視圖高畫質顯示、移動3D投影、沉浸式視訊會議，以及AR與MR（mixed reality，混合實境）顯示和界面，諸如此類都會帶動更高的數據傳輸速度需求。

案例6：物聯網普及

未來任何物件均可因連線而獲益，無論是有線或無線，因此，連網物件數量將快速成長，預期不久即會超越人與人連線使用的裝置數。

連線的物件，可以是智慧型手機、感測器、制動器、攝影機、車輛等，涵蓋簡單的裝備到先進且複雜的設備，預期相當比例的連網物件將使用行動通信網路。

不同的連線物件，對於電力消耗、訊號傳輸功率、時延、費用等，各有不同需求。

隨著愈來愈多物件連網，將出現各種利用物件連線能力的服務，例如：智慧電力輸送系統、農業、健康照護、車對車與車對路之基礎建設通訊等，都是一般認為具有成長潛力的物聯網。

案例7：應用匯集到5G

愈來愈多新應用會透過行動通訊網路提供，包括：電子化政府、公共安全和災害救助通訊、教育、線性（即照排程時間表播放節目）和隨選影音內容、電子健康等，隨之而來的相關需求也應納入考量。

案例8：超精準定位應用興起

當定位精準度增強，以位置為基礎的服務應用將擴大，如：緊急救援服務、為無人駕駛車輛或無人機提供精準導航。

九大技術推波助瀾

研究評估，從2020年至2030年，全球5G訊務成長幅度為10倍至100倍，預期成長動能來自影視使用增長、終端設備擴散，以及應用增加。

當然，成長會隨時間演變，也會因不同國家的社會

與經濟狀況而有別，其中又涉及一波波技術革新。

技術1：增強無線電介面技術

例如：各種多重進接（multiple access）、多重天線（multi-input multi-output, MIMO）、分工技術，以及調變技術等。

技術2：優化網路技術

網路節點會因為軟體定義網路和網路功能虛擬化技術之應用而更具彈性。

雲端運算帶來集中化協同營運，把RAN的基頻和較高層規約處理集中到雲端，形成資源池，得以依需求指配、更機動。

無線電發射機和天線，採分散布建。

RAN架構應支持更好的基站間協調機制，例如：進階型自組織網路（self-organizing network, SON）技術，可以降低電信業者的營運費用，同時又滿足客戶對增加數據通透量的需求。

技術3：eMBB使用情境技術

因應5G的到來，將有許多可依使用情境提供更好體驗的技術。

例如：布建小基站，可以因為一個細胞內使用者人數減少而提高服務品質；透過HTTP（HyperText Transfer

Protocol，超文本傳輸協定）增強之動態適應式串流傳輸，可望改善用戶體驗，並在現有基礎設施中，容納更多串流影視內容。

技術4：mMTC通訊技術

未來，預計有大量M2M設備連網，以及不同之表現與營運需求，如：簡單低價且涵蓋面大。

技術5：增強uRLLC通訊技術

為了實現超低時延，數據面和控制面都需要顯著增強其功能，並就無線電介面和網路架構，提出新的解決方案。

可以想像，未來的無線系統在很大程度上將用於需要高可靠性的機器對機器通訊，例如：交通安全、交通效率、智慧電網、電子健康、無線工業自動化、AR、遠端觸覺控制和遠距防護。

技術6：提升網路能源效率

為增進能源使用效率，必須在規約（protocol）設計時把能源消耗納入考慮。

網路能源效率可經由降低射頻訊號發射功率和節省電路使用功率提升，因此必須探討不同用戶的訊務變化，俾做好適應性資源管理。

舉例來說，像是不連續的傳輸、基地台與天線禁

圖3：從4G到5G的關鍵功能強化

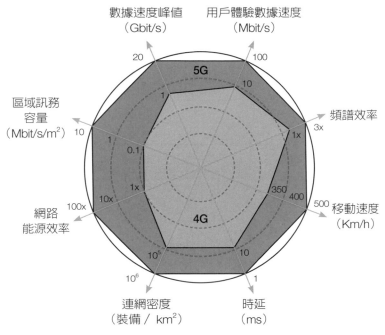

資料來源：3GPP

音，以及在數個無線接取站（radio access technologies, RATs）實施訊務負載平衡措施。

技術7：精進終端設備技術

行動終端將成為人們友善的伴隨配備，非但是個人辦公和娛樂不可或缺的資通訊裝置，也將從以智慧型手機為主，演進到穿戴式等智慧裝置。因此，應進一步改

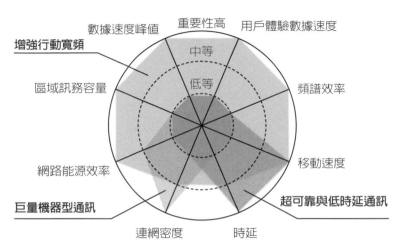

圖4：不同使用情境中各功能的重要性

資料來源：3GPP

進晶片、電池和顯示器等技術。

技術8：提供隱私與安全方案

為反制因為採用新無線電技術、新服務和新部署方式帶來的安全和隱私威脅，未來行動通訊網路系統需要提供堅強有力的安全解決方案。

技術9：推升數據傳輸速度

為了使數據傳輸速度更快、容量更大，必須掌握頻譜、實體層，以及網路的關鍵技術，包括：在更高頻

段，使用大區塊之頻譜與載波聚合技術；利用各種實體層的先進技術，例如：調變、編碼、網路MIMO、大量MIMO等，增進頻譜效率；以及部署高密集化網路。

啟動變革

2015年，上述九大技術發展趨勢出現在ITU發布的5G願景文件，當時人工智慧還不成熟；不料，到了2016年，卻一鳴驚人。

變革1：人工智慧興起

Alphago人工智慧圍棋程式對戰當時全球圍棋冠軍李世乭，成績4勝1負，轟動武林。

Alphago的核心技術，深度神經網路（Deep Neural Network, DNN），經過三年的急速發展，人工智慧已經公認成為推動各行各業智慧化的通用技術（GPT）。

在萬物聯網的情境下，蒐集巨量數據，經由人工智慧分析判斷、淬取所需資訊，做為決策參考。

變革2：機器學習看俏

人工智慧除了是各種應用的好幫手，也是5G網路精進優化不可或缺的重要技術。

事實上，ITU-T已成立「未來網路（包含5G）：機器學習焦點小組」（Focus Group on Machine Learning for Future

表1：全球啟動，積極投入5G評估與測試

進度	家數
開展商用服務（Deploying）	39
布建5G網路（5G deployed in network）	55
評估與測試（Evaluationg / Testing / Trialling）	133
獲得正式執照（Licensed）	60
取得測試執照（Licensed to test）	5
規劃中（Planning）	27

資料來源：GSA《LTE and 5G Market Statistics– August 2019》

Networks including 5G, FG-ML5G），探討機器學習在未來
網路之應用。

全方位提升

　　為滿足各種使用情境與未來趨勢，5G必須符合彈
性與多元原則，並且具備八大功能：數據速度峰值、用
戶體驗數據速度、時延、移動速度、連網密度、能源效
率、頻譜效率，以及區域訊務容量。〔圖3〕就5G這八
大功能跟4G做了比較，一目了然。
　　比起4G，5G的能源效率有顯著的精進。
　　能源效率區分為網路和終端設備。
　　網路，指無線接取網路每單位能源消耗可以完成的

用戶發送／接收訊息量，以每焦耳多少位元（bit/joule）做為衡量單位。

終端設備，指的是通訊模組每單位能源的訊息量，同樣以每焦耳位元數做為衡量單位。

此外，除了提供傳統的人與人、人與機器通訊，5G還可讓大量的智慧家電、機器和其他物件相互連網，達成真正的物聯網。然與此同時，仍須保持合理的能源消耗、網路設備與布建成本，才能永續經營。

在速度峰值、用戶體驗速度、頻譜效率、延時和移動速度等方面，相較於4G（IMT-Advanced），在5G系統，均已更加提升。

迎接數位新體驗

根據GSA（Global Mobile Suppliers Association，全球行動通訊供應商協會）統計，截至2019年8月13日，全球已有98個國家、共計293家業者投資5G相關發展。

在293家業者當中，已有39家開始提供商用服務，包括：美國的AT&T Mobility、斯普林特（Sprint）、T-Mobil US、威瑞森（Verizon Wireless）；南韓的韓國電信、鮮京電信、LG Uplus等。

3G時代，智慧型手機成為「殺手級應用」（killer application）；5G來了，又是什麼即將成為新時代的殺手級應用呢？

3. 揭開後智慧型手機時代序幕

　　過去十年，是智慧型手機的年代；隨著智慧型手機逐步邁入成熟期，未來十年，會是誰的天下？

　　五年內，甚至更快，VR、AR將取代智慧型手機，成為主流產品……

　　2017年，HTC（宏達電）前執行長、當時的數字王國董事會主席周永明這麼說。

　　2019年，XRSpace董事長周永明說：

　　預期未來五年，XR設備便將取代智慧型手機，成為主要的通訊工具。

　　後智慧型手機時代，即將展開。

　　在4G時代，我們已經可以看見，功能手機急劇減少，智慧型手機則迅速擴展。如今，智慧型手機已經成

為許多人的生活中心，舉凡通訊、娛樂、工作、教育、電子商務……，無役不與。

誠然，智慧型手機已具備多種功能與應用，但它仍受物理特性局限——所有活動只能以二維平面顯示。5G，將改變這一切。

進擊X平台

VR、AR和MR，統稱為XR（extended reality，延展實境），是一種能夠把人類活動與互動轉型的技術。

VR，讓使用者擁有全然的沉浸、想像和互動體驗，參與者都在它創造或複製的虛擬世界中，那是一個與實體物理世界平行的空間。

AR，將使用者在虛擬世界的資訊與實體世界重疊。

MR，則是讓使用者運用這兩種技術中對自己最有利的組合。

至於在XR平台上，電信業者將可能從「笨水管」（dumb pipe）轉型升級為服務提供者。

所謂笨水管，是指網路擁有者因提供頻寬給應用服務業者，卻無法加以限制其流量或建立合理的收費機制，導致為避免網路塞車，只好不斷擴充設備與頻寬，投資與獲利不成比例。

然而，當電信業者開始布建邊緣運算，便有機會協助、參與終端設備之設計，包括：延長電池壽命、掌握

消費市場脈動。

創造自己的數位價值

智慧型手機問世，改變人們通訊、工作和娛樂的方式；5G 網路布建，又將帶動一波典範轉移，打破物理邊界限制，讓人與人的互動更豐富。

然而，目前為止，為智慧型手機構建的大量應用程式，技術賦予的綜合體驗仍然是原始的。

迄今，智慧型手機時代的人類交互往還，僅限於透過手機通話，或是使用平板電腦、智慧型手機傳送訊息，包括：文字、表情符號、圖片和影像。

人類的互動，遠比智慧型手機所能做到的程度更加複雜！

我們通過語言、聲調、面部表情、眼神接觸、身體動作和姿勢，以及與周圍環境的互動來表達自己。最重要的是，有意義的人類互動存在一項關鍵要素：在場。

身臨其境，這是智慧型手機二維顯示無法做到的。

有幾個畫面，值得想像一下：

你用數位分身與來自世界各地的朋友會面，一起看場電影或足球比賽。

遠在西雅圖的姊妹和身處倫敦的父母，彷彿全都坐在你身邊，計劃即將到來的家庭旅行。

你可以和全球各地的朋友，一起參加康納（Sarah

Connor）在柏林舉辦的現場音樂會、看看米蘭時裝週現場的春夏系列服裝。

你可以在虛擬會議室中，與業務合作夥伴會面，討論即將推出的新產品，並在產品的最終3D設計和所有銷售資料上簽字……

周永明認為，當前的VR只是噱頭，且相當難以使用，但未來將會有不一樣的風貌；VR與AR結合，可能改變人們的生活方式，就像當初的智慧型手機一樣，每個人都可以從中獲益。

使用者體驗也將煥然一新，從「獨樂樂」變成「與眾樂樂」──以往的VR，只是一個人獨自沉醉；未來的VR，則是可以如同社群媒體般與他人互動。當5G技術落實，甚至更為普及，全球的遊戲規則都將為之改變。

更有趣的是，在這個虛擬世界裡，每個人都可以創建自己的經驗和內容，為這個劃時代的新世界經歷做出貢獻。

4. 改變，正在發生

　　依照GSMA《2019年亞太行動經濟研究》的數據，未來十五年，5G將為亞洲經濟帶來將近9,000億美元的貢獻。

　　工研院IEK Consulting也指出，5G是2019年的五大重點趨勢之一，預估全球5G基地台滲透率將由2019年的5％成長至2022年的21.5％。

　　《商業周刊》的報導則提到，當5G基礎建設期到來，負責供應基地台關鍵零組件和小型基地台的業者，將是第一波受惠廠商。

納入國家級的策略思考

　　隨著5G覆蓋率由2020年的8％成長至2025年的34％，裝置數量也在五年間由1億上升到11億，整體推動的產業潛在商機，包含製造業、能源事業、公共安全等，將高達6,200億美元，約莫相當於新台幣19兆元。

這股熱潮帶來商機，也帶來新的遊戲規則。

頻譜規劃之於無線電通訊與應用，相當於國土規劃之於國家發展。

這一點，看看美國的例子便不難理解。

2018 年 9 月，美國總統川普簽署備忘錄，要求制定國家頻譜政策，並命令聯邦機構審查現有頻譜使用情況、預測未來需求，進而制定研究和發展計畫，以利美國 5G 發展。

顯然，頻譜是非常根本且必須妥善辦理的政府業務。

兩大關鍵面向

ITU 強調，5G 頻譜規劃需要考慮兩大面向：

面向 1：頻譜和諧

行動通信服務所需頻譜不斷增加，現在使用中的頻譜與新增指配的頻譜，應該要能和諧共存，俾有利於發展規模經濟、促進全球漫遊、降低系統設計之複雜度，以及提高頻譜效率，減少跨國頻率交相干擾等。

面向 2：連續且更寬的頻譜

智慧終端的普及和大數據的應用，都在加速無線訊務成長，而唯有透過 IMT（國際行動電信）系統，才可能滿足這樣的需求，必要時數據服務速率必須達到 Gbps。

然而，目前各國或地區可用頻段及頻寬不同，導致設備複雜度增加，也可能產生干擾。

　　正因如此，全球都在思考，如何獲得連續、更寬且和諧的頻段，搭配新技術發展，便可望妥善處理這些問題。而這樣的規劃，早在2012年便已開始。

世界各國競相投入

　　2012年，歐盟規劃，以三十六個月、新台幣20億元經費，成立METIS（Mobile and Wireless Communications Enablers for the Twenty-Twenty Information Society，行動暨無線通訊網路驅動計畫）等5G研發項目，而愛立信也已展示先期雛型系統。

　　同年，南韓擬定5G行動通訊促進策略，投資1兆韓圓，促進5G商用化，並由三星展示先期雛型系統。

　　2013年，美國、英國、日本、中國大陸等國家，分別著手推動5G策略。

　　英國和美國分別投資新台幣16億元和30億元，進行頻譜規劃和技術研發。

　　日本以綠色創新和生活創意為主軸，五年內（2011年～2016年）投入新台幣54億3,000萬元於5G技術，NTT（日本電信電話）旗下的DoCoMo，DoCoMo還提前在2012年展示先期雛型。

　　中國大陸為搶占5G產業先機，於2013年2月成立

IMT2020（5G）推進小組，科技部於2014年投入1億6,000萬元人民幣進行研發。

那麼，此時的台灣，我們在做什麼？

｜設定三大目標｜

台灣各界體認到，運用智財深耕自主技術，才能夠掌握競爭力、引領智慧生活新風潮。

2014年1月，「5G發展產業策略會議」登場，當時的主題聚焦在四大議題：5G尖端技術探索與人才培育、5G產業技術深耕與環境建置、5G產業鏈整合，以及政府協助方向，預計自2014年之後，每年至少投入新台幣20億元。

四個月後，2014年5月，行政院核定「加速行動寬頻服務及產業發展方案」，台灣走向5G技術與產業發展的腳步，正式邁出。

行政院的這項政策，是以「打造行動寬頻智慧台灣，創造生活無距離、資訊無時差之舒適便利生活」為願景，並設定三大未來目標：

一、加速推動行動寬頻網路建設，讓所有民眾都能早日享受優質且價格合理的高速行動寬頻服務。

二、引領4G行動寬頻網路的創新應用，推動下世代行動寬頻（5G）前瞻技術開發與系統設備布局。

三、民眾安心使用4G服務，確保資通安全及民眾權

利的保障。

推動方案執行所需財源，來自於2013年10月完成的4G頻譜公開競標，標金收入共新台幣1,186億5,000萬元，比公告底價359億元多了827億5,000萬元，而政府也拿出150億元，以三年時間支持這個方案。

經濟部領軍推動

台灣自2014年以來，經濟部一直扮演5G應用與產業發展的最主要推手。

這段期間，經濟部除了在技術處成立5G辦公室，並成立包含國內外學者專家的5G顧問委員會，做為跨部會合作的共識平台，每半年召開一次會議，依據國際趨勢與台灣產業發展需求，提供國家與整體產業層級之策略建言，滾動式修正經濟部5G發展規劃與執行方案。

5G顧問委員會強調四大重點：

重點1：聚焦優勢領域

資源有限，應聚焦於台灣具有優勢之5G新興市場，包括：企業專網、5G小基站產品、行動邊緣運算與物聯網結合產品、服務系統整合等。

重點2：重視商業模式

5G已非局限於通訊議題，應用服務造就機會，商業

模式為成功關鍵要素。

重點3：政府出面帶動

5G發展應利用台灣資訊技術強項，由政府出面，領導台灣廠商導入市場，搭配電信新做法，5G發展才有新機會。

重點4：產、官分工推動

推動本土營運商自主成立台灣5G產業發展聯盟，經濟部則協助解決推動5G發展與場域試煉時可能遭遇之問題，如：頻譜開放與頻寬流量、戶內外小基站部署、地方政府場域與法規調適等問題，協同跨部門共同解決。

5G辦公室延聘產業經驗豐富的張麗鳳博士為技術長，她在2016年1月提出5G產業技術主計畫，預期於2020年至2024年，建立台灣在全球5G價值鏈從晶片組、模組、元件到系統等的重要地位。

為達成目標，必須掌握四大領域的5G關鍵元件與智慧財產權，包括：小基站系統晶片設計、射頻晶片與射頻關鍵元件、智慧型邊緣運算閘道器、物聯網模組，並須成為全球前三名之供應商，以及工業4.0關鍵系統解決方案提供者。

為此，技術處配合推出5G產業技術拔尖計畫，從5G小基站系統晶片、射頻晶片與模組次系統、5G超高密度及小型基站系統技術、5G專網系統技術與整合、物聯

網巨量連結技術、參與國際標準與國際合作、創新應用服務,共七個特定分項。

接軌國際組織

　　工研院資通所副所長周勝鄰表示,回顧3G或4G的產業發展經驗,台灣業者幾乎都等到技術標準定案發布後才開始行動;然而,這一次,工研院和資策會從2013年就著手從事5G相關技術研究,帶動產業界跟上國際的步調。

　　另一方面,交通部為了促成5G物聯網及車聯網等新興服務發展環境,於2018年5月28日公告修正《頻率供應計畫》說明,依據創新實驗頻譜公布相關頻率,簡化實驗申請程序、放寬實驗申請對象,並鼓勵相關垂直應用進行實證,帶動台灣智慧產業生態鏈成形。

　　2018年12月19日,NCC（國家通訊傳播委員會）通過《學術教育或專為網路研發實驗目的之電信網路設置使用管理辦法》修正案,引進商業驗證（proof of business, PoB）實驗機制、放寬實驗申請人資格等措施。

　　這些措施的目的,是要因應台灣5G物聯網等新興科技、創新資通訊技術應用、垂直場域技術,以及商業模式探索之需求,鼓勵技術研發與商業創新應用。

　　為建立台灣資通訊產業界跟國際標準制定組織接軌機制,在經濟部指導下,2015年,台灣資通訊產業界發

起成立台灣資通產業標準協會，共有91個團體會員。

展現技術實力

台灣資通產業標準協會的運作主體，是各技術工作委員會。其中，前瞻行動通訊委員會自成立以來，均由聯發科主管擔任主席，積極參與3GPP標準制定，提交由協會具名之《台灣5G技術白皮書》技術提案，並主辦多項技術研討會。

前瞻行動通訊委員會的另一項重要工作，是參與辦理5G提案技術評鑑工作和提交報告，而這項技術評鑑必須遵照ITU制定的ITU-R M.2412《評鑑IMT 2020無線電介面技術規範》辦理。

這是ITU核定5G技術標準的重要步驟，為此，工研院發起組織跨太平洋評鑑群組（Tran-Pacific Evaluation Group, TPCEG）團隊，於2017年8月向ITU註冊，成為全球最早註冊、參與執行的十一個團隊之一。

階段性第一份報告已提交，並經審查通過，列入ITU-R正式紀錄，預計2019年11月30日提交評鑑報告。

此外，聯發科技術主管、瑞典籍的約翰松（Johan Johanson）也在日前獲選為3GPP RAN2（無線接取網路第二工作組）主席。

依照3GPP的規劃，RAN2在2020年的工作重點，Release 17版本的L2/L3協定標準化工作，讓後5G時代的

通訊技術更完善。

「3GPP的RAN2、RAN1、Plenary這三個主席職位，是3GPP三大關鍵職位，」聯發科3GPP標準部門主管、台灣資通產業標準協會前瞻行動通訊委員會主席傅宜康表示，「奪下這兵家必爭之地的艱辛不足為外人道，很高興能突破歐美傳統電信大廠的高門檻，為台灣走出不一樣的路。過去，亞洲只有DoCoMo和三星獲選。」

關注五大趨勢

2018年10月下旬，行政院召開第二次5G策略會議，提出五大議題，產官學研各界共計450人參與，超過四成為產業界先進。

除了資通訊產業外，還有AIoT、新創、資安、醫療、數據分析、金融、文化娛樂、教育等跨領域的業者和專家；此外，更結合九個部會能量，共同規劃與推動。

行政院科技會報執行祕書蔡志宏博士綜合與會人士談話做出總結，針對未來趨勢，應著重五大面向：

- 垂直應用場域：智慧醫療、智慧工廠、智慧城市、無人載具，需要場域開放與公私協力。
- 多元科技整合：5G結合AI、物聯網、VR或AR、4K或8K影音、雲端及邊緣運算，將共同促成數位轉型。
- 創新友善監理：完備頻譜政策、合理化頻率費

用、應用領域及電信相關法規鬆綁，以及彈性實驗規範。

- 重視企業的5G網路與資安需求、評估鼓勵投資誘因。
- 重視數位落差、確保資源有效運用，促進非人口密集地區接取網路共建共用。

聚焦五大重點

台灣的5G應用與產業創新發展策略，應該做到五大重點：

- 鼓勵5G垂直應用場域實證。
- 建構5G新創應用發展環境。
- 提供5G技術支援及整合試煉平台。
- 規劃釋出符合整體利益之5G頻譜。
- 調整法規以創造5G發展有利環境。

日後，必須延續這五大政策面向，研議具體方案，協調各部會推動細部措施，以有效回應各方需求，並以強調透過深化產業創新、驅動區域發展，建構5G應用與產業創新環境，實現智慧生活，做為政策綱領。

然而，這段路程並不好走。

畢生從事電信技術研究發展的蔡志宏語重心長地表示，落實會議結論需要培育前瞻跨領域人才，建構創新實驗場域，做好數位法規調適，並完備頻譜供應。

這次 5G 策略會議的結論，也成為 2019 年 5 月行政院核定的 5G 行動計畫主要內容。

數位法規調適

為調整法規以創造 5G 發展有利環境，NCC 於 2017 年研擬《數位通訊傳播法》及《電信管理法》草案，經行政院審查後，於 2018 年初送交立法院審議；2019 年 5 月底，《電信管理法》在立法院完成三讀。

此次完成三讀的《電信管理法》，大幅調整監理架構，鬆綁了對頻譜資源的嚴格控管，讓更多不同領域的服務業者有機會投入電信服務。包括：

- 打破現行《電信法》特許與許可的市場參進制度，改為登記與不登記皆可成為電信事業經營者。
- 放寬電信網路設置規定，可以自建或組合自建與他人自建之電信網路，也就是所謂的「共網」。
- 鬆綁頻率使用規定，明訂頻率得共享使用，協議提供其他電信事業使用或轉讓，即所謂「共頻」。此外，對於獎勵頻率繳回亦有著墨。

《電信管理法》對電信事業之經營採行為管理，將經營義務分為一般義務、特別義務、指定義務三類（表1），但對於所謂「共建」，並沒有明文規定。

對此，一般業界的共識是，偏遠地區的網路建設可由各電信業者共同參與，共頻、共建基地台，不必重複

表1：《電信管理法》鬆綁，為5G營造公平競爭的環境

經營義務	内容說明
一般義務	**所有電信業者皆負有的義務** • 公開揭露服務條件、電信網路品質、數據流量管理方式等消費資訊。 • 電信服務及非電信服務費用之帳目應明顯分立，且不得以未繳交非電信服務費用為由，停止提供電信服務。 • 採取適當及必要之措施，確保通信祕密。 • 提供消費爭議申訴管道。 • 通信紀錄及帳務紀錄應確保記錄正確，並保存一定期間，且應予保密。 • 因故暫停提供服務前，應主動通報NCC，並公告及通知用戶。 • 年營業額在一定金額以上者，必須分攤電信普及服務費用等。
特別義務	**獲核配特定資源或經NCC認定之電信事業所負有的義務** • 使用主管機關核配之用戶號碼提供語音服務之電信事業，應提供免費緊急通信服務、號碼可攜服務，以及平等接取服務。 • 電信事業設置使用電信資源之公眾電信網路或其他經主管機關公告者，應訂定資通訊安全維護計畫，並予以實施之。 • 經主管機關「認定」之電信事業，應訂定定型化服務契約、定期自我評鑑電信服務品質、共同設立電信消費爭議處理機構等。
指定義務	**明訂各相關主管機關依其主管法律規定，得指定符合一定條件的電信事業應配合採取相關必要措施** 例如： • 災害預防與救助。 • 通訊監察。 • 身心障礙者權益保障。 • 電信普及服務。

投資；至於如何促進市場競爭，則針對特定電信服務市場具有顯著市場地位者，採取特別管制措施。

除此之外，《電信管理法》一方面要規範公眾電信網路之設置申請及其安全與維護，另一方面則要促進電信基礎設施建設，除頻率共享外，對射頻器材之管理也採開放原則，即除法律另有規定，得自由流通及使用。

不過，對於電信號碼及網址域名，《電信管理法》只有原則性之規範。

面對頻譜需求落差

數位法規的調整，屬於國內事務，而頻譜的規劃，則與全球脈動息息相關。

國際間常見的5G頻譜候選頻段，依性質可分為1GHz以下低頻段、1GHz～6GHz中頻段，以及6GHz以上高頻段，各國會依照其國內使用情境，決定適合之候選頻段（表2）。

依《通訊傳播基本法》第三條第二項之規定及行政院之指定，台灣頻譜規劃研擬之主政機關為交通部。交通部郵電司為籌謀5G發展所需頻譜，於2017年度委託台灣野村總研諮詢顧問公司辦理先期研究，提出《頻譜供應規劃與政策規範研究》研究報告。

野村研究團隊參考前三年的相關研究，並利用ITU-R之模型，設定五個重要的在地化參數，包括：基地台覆

蓋扇形面積（sector area）、使用者密度（user density）、可用無線電接取技術群之分布比率（distribution ratios among available RAT groups）、人口涵蓋比率（population coverage percentage），以及網路部署數量（number of network deployments）。

綜合各項數據，野村研究團隊推估得出，台灣2020年之5G商用頻寬需求達1625MHz。這個數字，與目前釋出量有1025MHz之差距，主因是全台行動通訊使用者對於影像相關應用之需求極高且成長飛快。

野村研究建議，於2020年以Sub-6GHz為中心，進行第一波5G頻段釋出。

期待5G頻譜重規劃

國際間無線電頻率之使用，首要原則是力求和諧，避免或減少無線電波之干擾。為此，ITU的世界無線電通信大會每三至四年召開一次會議，修訂審校無線電通信規則和無線電頻譜等重大課題。

世界無線電通信大會上一次會議於2015年召開，會中根據各區域之頻譜使用現況，決議各區域未來可開放新的IMT頻段（表3），其中台灣位於第三區域。

Sub-700MHz，各國原先多為廣電使用，因此決議依此區域中各國國情規劃。

L-Band之1427MHz至1452MHz、1452MHz至

1492MHz與1492MHz至1518MHz，於第三區域均開放供5G使用，但須和原航太通信主管機關達成協議。

至於C-Band，是於第三區域中，將3300MHz至3400MHz、3400MHz至3600MHz、4800MHz至4990MHz，開放做為5G用途；3600MHz至3700MHz則僅部分國家開放。不過，C-Band使用時，須注意與無線電定位、天文通訊間的和諧。

為了能夠提供諸多新服務，如：超高密度網路、極高數據速度，並因應快速訊務成長等需求，ITU在5G願景文件中強調，需要考慮連續且頻帶更寬、頻率更高的頻譜。

依使用情境所需，有可能需要數百MHz，甚至高達1GHz頻寬，這時候就必須考慮6GHz以上的連續頻譜。對此，預計在2019年11月召開的世界無線電通信大會，便將探討使用6GHz至100GHz頻率之技術可行性。

連續且夠寬的頻譜，是為了滿足容量（capacity）的需求，這是5G行動通信網路必須面對的基本要求之一，因此當今5G布建著重在中頻段和高頻段；另一個同樣重要的基本要求，則是涵蓋範圍（coverage）。接下來，我們便要嘗試探討如何做好5G覆蓋。

中低頻段影響覆蓋

低頻段，即1GHz以下頻率，由於電波傳送距離較

表2：現階段國際間常見的5G頻譜候選頻段

頻段性質	使用國家或地區
低頻 1GHz以下	歐洲國家認為700MHz為可能的5G候選頻段，美加地區則以600MHz為優先考量。
中頻 1GHz ～ 6GHz	現階段歐洲國家與亞太區域國家多以3.4GHz ～ 3.8GHz頻段做為5G優先考量頻段；部分亞太國家如日本，則更進一步將4.4GHz ～ 4.9GHz納為5G候選頻段。
高頻 6GHz以上	高頻毫米波頻譜的整備作業，現階段以美國較為積極。美國聯邦通訊委員會（FCC）在2018年第四季，開始依序依續拍賣28GHz與24GHz頻段作業。

資料來源：NCC

遠、涵蓋面積較大，且電波穿透性較佳，是提供良好涵蓋的最佳選擇；不僅適合鄉村地區使用，對建築物室內電波涵蓋也十分有用。

因此，指配低頻段之頻譜給5G，可以更經濟有效地提供行動通訊服務。這就是美國第三和第四大的行動業者T-Mobile US與斯普林特合併的主要訴求，因為後者擁有最多中、低頻段頻譜。

5G標準對頻譜規劃的指導原則之一是，除了連續且足夠大的頻寬，還要求中頻段頻寬最好有100MHz，以滿足eMBB所需。

然而，在台灣，由於行動通信頻譜釋出前的頻率規劃和競價拍賣，導致現有各業者頻譜之使用分布零散。

目前NCC指配給行動通信網路使用的頻譜，座落在五個頻段：700MHz、900MHz、1800MHz、2100MHz，以及2600MHz，頻寬共計610MHz。

若扣除尚未釋出的20MHz，590MHz的頻寬已切割為36個小區塊，一個業者擁有的連續頻寬，最大只有20MHz；相對地，如果將整個610MHz頻譜「土地重劃」，供5G使用，將是截然不同的光景。〔圖1〕為台灣現行4G使用頻譜示意圖。

┃ 頻譜重劃迫在眉睫 ┃

台灣若要發展5G，提供優異的5G涵蓋，頻譜重劃是個選項。

700MHz，從703MHz至803MHz，足足有100MHz連續頻寬，包含上、下行之間的10MHz護衛頻帶。

900MHz，885MHz至915MHz和930MHz至960MHz，中間有15MHz護衛頻帶。如果能夠把護衛頻帶納入，這個頻段有75MHz的連續頻寬。

1800MHz，應該要把尚未釋出的20MHz納入重劃才有意義，也就是1710MHz至1785MHz、1805MHz至1880MHz，兩組將各有75MHz的連續頻寬。

2100MHz，1920MHz至1980MHz和2110MHz至2170MHz，中間相隔130MHz。

依頻率供應計畫內容，1980MHz至2010MHz和

表 3：2015 年世界無線電通信大會決議開放的 5G 頻段

探討頻段	第一區域	第二區域	第三區域
470MHz～694MHz	維持原用途	依各國國情自行規劃	依各國國情自行規劃
1427MHz～1452MHz	做為 IMT 用途	做為 IMT 用途	做為 IMT 用途
1452MHz～1492MHz	非洲國家做為 IMT 用途，歐洲 CEPT 須探討舊蘇聯地區使用	做為 IMT 用途	做為 IMT 用途
1492MHz～1518MHz	做為 IMT 用途	做為 IMT 用途	做為 IMT 用途
3300MHz～3400MHz	僅非洲國家做為 IMT 用途	做為 IMT 用途	做為 IMT 用途
3400MHz～3600MHz	做為 IMT 用途	做為 IMT 用途	做為 IMT 用途
3600MHz～3700MHz	維持原用途	部分國家做為 IMT 用途	部分國家做為 IMT 用途
3700MHz～3800MHz	不做為 IMT 用途	不做為 IMT 用途	不做為 IMT 用途
4800MHz～4990MHz	舊蘇聯地區做為 IMT 用途	做為 IMT 用途	做為 IMT 用途

資料來源：台灣野村總研

2170MHz 至 2200MHz，用途為提供行動寬頻業務使用（將視國際發展情況再予評估規劃）。倘若這個想法能夠成立，則在此頻段可得 1920MHz 至 2010MHz 和 2110MHz 至 2200MHz，兩組 90MHz 連續頻寬。

圖1：為能順利推廣5G應用，台灣迫切需要頻譜重劃

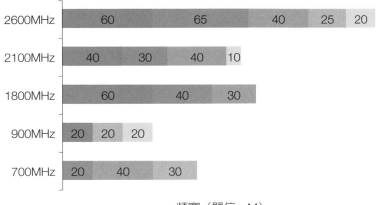

頻寬（單位：M）

■中華電信　■遠傳電信　■台灣大哥大　■亞太電信　■台灣之星

2600MHz，2500MHz至2690MHz，連續頻寬共計190MHz，可以切為兩個95MHz連續頻寬，或一個90MHz、一個100MHz頻寬。

透過這樣的初步綜合規劃，可以得到1個100MHz、2個95MHz、2個90MHz、3個75MHz的連續頻寬。

這裡，我們把兩段護衛頻帶（10+15Mhz）和尚未指配但已列在供應計畫的60MHz（2個30MHz）納入規劃，合計總頻寬為695MHz。

既然《電信管理法》已經允許頻譜共享或協議轉讓，再加上技術中立之原則，若行動通信業者之間願意彼此協調，各自取得合宜之連續大頻寬，這對於5G網路

的建設，無論速度、涵蓋和資本支出，何嘗不是多贏的策略？

今天開始做，總比十年後才想做，有意義吧？

相信世界各國都有這種頻譜重劃的必要，系統設備製造業者也會配合開發適用於這些頻段、這種大頻寬的5G系統。

為台灣5G事業開路

台灣於1996年開展電信自由化，法規面的變革，首推《電信法》的大幅修正，而《電信管理法》通過三讀，則是時隔二十多年的又一個里程碑。

不過，《電信管理法》中的許多條文，都是原則性的規定，如何實施、如何認定、如何管理、如何落實，有賴NCC發揮能力，制定公平、公正、合理的各種子法，正確落實母法之授權，達成本法第一條明訂的目的：

> 為健全電信產業發展，鼓勵創新服務，促進市場公平競爭與電信基礎建設，建構安全、可信賴的公眾電信網路，確保資源合理使用與效率，增進技術發展與互通應用，保障消費者權益，特制定本法。

5. 台灣，準備好了嗎？

　　2019年6月13日，行政院公布5G行動計畫，正式揭露台灣5G戰略布局，未來預計投入新台幣204億元補助金，分四年建立台灣5G應用基礎環境。

　　計畫中，提出5G五大應用發展主軸與十大應用場域，目標設定為，於2022年完成打造年產值500億元的台灣5G產業規模。

｜ 走在轉型的路上 ｜

　　相較於五年前，當時政府投入150億元扶植4G發展，此次一舉提高到204億6,600萬元，期限也從三年擴增到四年計畫。

　　行政院在新聞稿中提到，院長蘇貞昌表示，5G釋照不應只考量權利金高低，也應要求技術面妥適移轉，以利扶植本國產業。

　　另外，經濟部、科技部、公平交易委員會等，各有

與此領域相關工作事項，因此相關部會與各地方政府應從民眾需求角度出發，與業者合作，在各地打造應用場域，早日讓國人享受5G所帶來的生活便利與品質提升，讓台灣邁進5G世代，實現智慧生活。

緊接著，行政院科技會報辦公室進一步說明，美國、南韓、日本、中國大陸、英國、愛爾蘭等國，均已陸續釋出5G頻譜，為推動台灣與國際同步進入5G世代，政府將於中頻段及高頻段同步釋出足夠頻寬，以供發展5G創新服務使用。

頻譜，頻譜，還是頻譜

目前，NCC已經完成了1800MHz、3500MHz、28000MHz等第一波釋出頻段之頻譜整備及釋照競價準備等事項，並公告底價，2019年9月4日受理申請，預定於年底開始競價作業。2020年年初當可完成第一波5G頻譜釋出程序，與國際接軌。

另外，《電信管理法》也大幅放寬電信市場進入門檻與跨業合作彈性，允許頻率得以和諧、有效、靈活運用。這一點，帶給業者許多想像空間。

《電信管理法》中有很多實施細則或管理規則需要訂定，非一朝一夕即可完成，加上新法與《電信法》有三年過渡期，所以媒體報導指出，這次5G頻譜釋出，仍將依《電信法》辦理，應屬合理。

唯5G頻譜執照有效期為二十年，三年後全面改依新法，新法中的鬆綁條款現在也不應視若無睹。因此，主管機關應優先釐清，如何規範電信業者心心念念的「三共」（共網、共頻、共建）模式以利遵循。期待主管機關在招標文件中，說清楚、講明白。

三共模式行不行？

「三共」模式，在4G時代，電信事業的後起之秀便心嚮往之；如今，不再只是業者的一廂情願，而是必須認真思考究竟如何發揮最大效益。

依據《數位時代》2019年6月12日的報導，台灣大哥大董事長蔡明忠表示：

> 《電信管理法》已經開放「三共」，5G時代更應該思考，台灣這麼小的地方，需要五個5G網路嗎？

在5G時代，電信業者應該在商業應用上各憑本事，否則會變成軍火戰，尤其現在是吃「軟」不吃「硬」的時代，更應該調整心態，著重發展應用軟體。

蔡明忠也認為，《電信管理法》通過後，應該考慮不僅5G可以「三共」，也應該在3G網路推行，例如：台灣只要保留兩至三個3G網路即可，甚至包含4G網路也可以考慮採取三共模式。

這樣的說法，並非全無道理。

3G執照已經繳回，3G異質網路在4G網路多數做為語音應用，台灣五家業者卻仍有四個3G網路，對無線頻譜與電力都是一種浪費。

NCC已經開放3G、4G在偏鄉可以共用網路，但蔡明忠認為，都會區也應該開放，全台都可共用網路。

分裂的頻譜連4G都不如

面對第一波5G頻譜釋出，蔡明忠表示，大家都對3.5GHz頻率有興趣，但政府只有釋出270MHz頻寬，且3.4GHz沒有設備，3.6GHz有衛星干擾，真正乾淨的頻譜很有限。他提醒：

5G時代要有連續100MHz頻寬才能發揮最好效能，「四分五裂」無法展現優勢；尤其要注意「頻譜蟑螂」的問題，若只拿到20M、30M頻寬，速度連4G都不如。

3.5GHz，確實是兵家必爭之地。

坊間傳聞中華電信有意爭取3.5GHz頻段上限的100MHz，那麼，他們會願意以「三共」做為策略工具？

對此，中華電信執行副總經理林國豐表示：「中華電信從未對外說過要『標滿3.5GHz頻段上限的100MHz』，正式的講法是，『以合理的標金取得適當的

頻譜』。

「5G頻率競標取決於需求、競標規則、競爭程度等因素，我們會整體評估既有頻率及新釋出之5G頻率，擬定多個頻率組合運用計畫參與競標，沒有非要哪個頻段或多大頻寬。」

不再追求提速

經過三次4G競標，台灣業者對於頻譜競標的態度漸趨理性；放眼國際，5G頻譜標金也普遍低於4G。因此，若主管機關能夠訂定合理底價，讓市場機制決定頻譜價值，應是最理想的結果。

至於5G網路建設，中華電信的策略是「以自建為本、共用為輔」。

中華電信有最大的客戶群，必須以扎實可控的網路為基礎，提供客戶最佳的服務品質，也是維持競爭力的根本。因此，林國豐說明，「在5G網路建設初期，相關法規未明確前，優先自用頻率、自主建網，免去法規協調、商業協商所需時間，盡快提供5G服務。」

林國豐指出：「台灣電信業者多、5G建設成本高，預期業者間會有共頻、共網的合作機會，中華電信已成立5G專案小組密切研討，在符合法令規定、技術可行的條件下，不排斥與其他業者合作，尋求可節降成本，並維持服務品質及市場競爭力的合作模式及合作對象。」

相較於4G，5G的技術能力提升不少，但在發展初期，與目標值仍有些距離。

不過，如同4G的演進歷程，起步時，傳輸速率僅150Mbps，五、六年後，現在已經超過1Gbps，如今的行動寬頻網路，也毋須再追逐速率。

「現在的通訊技術，只要有足夠的電波頻寬，就能做到高速，」林國豐說明，重要的是，要讓行動寬頻數據服務更深入結合生活中的所有事務，這也是mMTC及uRLLC的重點。

他認為，「舉凡工業製造、生活事物自動化與智慧化、環境控制等，都是未來5G的主要市場，而這些服務未必都需要高速。」

換言之，在4G、5G之間比較速度，已非要事；能夠滿足消費者或企業想要的，才是重點。

林國豐舉例談到，「現在必須思考的是，很多所謂的未來5G應用，其實早已在做，只是大部分都不具經濟規模。因此，對企業垂直場域仍缺乏吸引力。」

發掘垂直場域應用需求

「像是智慧工廠，由於多數廠房機具是固定的，而行動寬頻的特性在於『移動性』，不具移動性的廠房機具設備，企業主是否願意採用5G？」林國豐直言不諱。

台灣大哥大總經理林之晨則認為，製造業是5G時代

初期最有潛力的應用場域。

　　他提到：「智慧工廠其實是『B2B2T』，例如：我們的合作對象，廣達的無人搬運車，他們要求工廠保持高精度、高清潔的環境，就需要運用高速、低時延的5G網路，實現工廠無人化。」此處的「T」，係指各種可能互連的事物（things）。

　　4G之前的網路，是電信設備商提供什麼功能，業者就賣什麼服務。5G，不再如此，從業人員必須對此有新的理解。

成為服務的平台

　　「一、兩年前的4G生態系統，就不再局限於『純手機』的格局，」林國豐指出，物聯網、VR與AR、無人機，或是軟體定義網路／網路功能虛擬化等，這些5G應用或技術，業界早已耳聞多年。

　　這代表，5G是從4G演進而來，不是一夕之間改變，技術更不是全新的。因此，5G生態系統也是逐漸從4G演進及移轉而來，只是業者必須考量網路的穩定性與技術成熟度，循序漸進。

　　未來，5G網路就是一個服務平台（Network as a Service, NaaS），業者必須在5G上發展出多樣化、差異化的服務，吸引消費者及垂直產業業者買單。

　　「對電信業者而言，5G重要的是商業模式，應用模

式（application model）則是吸引客戶的手段。但到目前為止，5G還看不到有大爆發、可獲利的應用服務，」林國豐說。

目前提出的應用，大部分4G就可以做，但5G能做的，一定要跟4G有所區隔，看得見有差異化的服務才能吸引消費者買單。此外，垂直場域的需求模糊不明與分散零碎，也是業者的挑戰。

像是影音娛樂，5G的確可以提升服務品質，或是進一步落實4G無法實現的應用 —— 目前4G電信業者已能滿足大部分需求，但其他應用，如：VR或是3D全息影像，便須仰賴5G才能做到。

關鍵問題猶待解答

目前還看不到能明確帶來獲利的商機，尤其，像是8K影音服務，現在的5G技術，下載只能供少數客戶使用，上傳在一般商用網路還做不到。

既然是影音娛樂，重點就是在內容。現在，消費者願意為影音服務內容付費，例如：看一場電影願意付三、四百元買票，但願意付多少給傳輸的寬頻網路？林國豐認為，「恐怕金額會不如電信業者的期待。」

5G將行動服務從單純的寬頻上網，推展到各種生活應用所需，擴大了應用市場，未來不只是人在使用行動寬頻，設備／裝置也用得到，這些是嶄新的市場與機會。

然而，各領域所需應用不同，企業不知道5G能幫助改善什麼，電信業者也不知道企業想要什麼，雙方對彼此的專業皆不熟悉。

再加上，不同領域所需解決方案不同，難以用同一套方法適用所有行業，高度客製化是未來的挑戰，也是業者正在積極找尋的5G方向。

現階段，由於5G技術尚未成熟，通訊業界對於5G仍在邊做邊學習階段，電信業者更必須在應用服務上腦力激盪，發展出吸引消費者買單的服務。

於是，又衍生出後續問題。

亟需跨領域人才

5G的三大功能，包括：eMBB、mMTC、uRLLC，所需尖端技術人才涵蓋的層面相當廣泛，例如：

- 有能力設計開發並使用巨量高密度物聯網於智慧城市、智慧工廠、智慧醫療照護等。
- 充分掌握超級可靠與低時延通訊能力需求的智慧交通與自駕車、沉浸式新通訊媒體（如：VR）、觸感通訊。
- 維護關鍵基礎設施所需，以及救災通訊等。

當我們討論5G產業政策是否鼓勵企業建立5G專用網路，其中一個論點就是：我們是否有足夠的5G人才，支撐眾多企業自建5G網路及其運作與維護？

5G將驅動各行各業之數位轉型，需要很多跨領域人才。民間企業所談的產業發展瓶頸「五缺」之一，就是缺人才，具備跨領域專長的人才更缺！教育與產業人才需求的鴻溝日趨嚴重。

釋照時間愈早愈好？

5G釋照，是與時間賽跑。對手，來自全世界。

2019年1月20日，時任NCC主委的詹婷怡表示，資源整體整備已漸趨完善，將以2020年完成台灣第一階段5G頻譜釋照為目標，並預計在中頻段、高頻段釋出超過2700MHz的頻寬，兼顧垂直應用與寬頻電信發展需求。

鑑於南韓行動通信業者搶先於2019年4月3日啟用商用5G網路，媒體報導也指出，行政院有意將5G釋照時程從2020年年中，提前到2019年年底。

對此，中華電信董事長謝繼茂指出，政府有帶動國家產業發展的考量，早點釋照，台灣愈早有5G環境，對台灣網通廠、相關產業鏈相對有好處。如果能夠提前釋照，中華電信表示，5G最快2020年7月商轉。

不過，市面上的5G終端產品仍少，提前商轉是否也無法讓民眾感受5G環境？對此，謝繼茂指出，雖然目前5G終端產品不多，但科技發展迅速，也許半年內，很多5G終端產品就會陸續推出。

依2019年8月13日GSA《5G終端裝置生態系統》

（5G Device Ecosystem）報告，過去三個月，5G終端產品數量有倍增之勢，僅6月份，就增加了26種。

目前已知宣布上市的5G終端裝置，共有由41家廠商提供的近百種5G終端設備，包括：26款5G手機、8種熱點、26種客戶端設備、28款5G模組、4種路由器、2種無人機，以及交換器、筆電、USB終端、機器人各1種。

對想把5G應用在垂直場域的企業，這時就不需要「想喝牛奶還得養牛」。

林之晨指出，那些牽頻譜、架基站的工作可交給電信商代為處理，否則，企業自己架站，除了成本問題，還得負擔相當高的故障成本。相對來說，台灣大哥大現在對基地站已導入機器學習，可以準確預測設備出錯率。

林國豐則談到，垂直產業的需求模糊、零碎，是5G應用最大的挑戰之一，但中華電信建立的5G大平台，串聯軟／硬體廠商、應用服務開發商，期待能透過團隊合作，找尋潛在客戶與應用。

「5G所提供的服務，已非傳統電信業者能滿足，團隊合作，才是成功的關鍵，」林國豐說，「未來，我們將以5G領航隊建立的生態圈共同推展5G創新應用（表1）。」

科技人是否一廂情願

林國豐指出，「行動通訊技術發展是一段演進的過

表1：中華電信5G應用發展重點

目標對象	發展重點
公部門應用	以智慧城市為主軸，推動智慧三表（電表、水表、瓦斯表）、科技執法、智慧交通、智慧安防等。
企業應用	以行動邊緣運算為主軸，結合資安、人工智慧等，推動智慧工廠等垂直應用。
大眾應用	以行動邊緣運算結合AR為主軸，在特定場域提供新的高解析影像應用體驗。
無人載具	推動自駕車、無人機應用，協助解決少子化、高齡化、都會化等社會問題。

資料來源：中華電信執行副總經理林國豐

程，在新世代技術提出之時，一定會規劃未來的服務願景，再由技術標準組織逐步落實，往願景的方向邁進。

「5G也是如此，但外行人在看門道之時，容易只描繪願景，只看見美好的景象，卻未想到技術演進需要時間，不是一蹴可幾。」

尤其，林國豐補充，「技術的發展，需要投入資金與人力，有穩定獲利的產業，才有資金及人力的投入，也才能造就更好的技術，如此循環不息。

「目前5G仍在初始階段，技術不成熟，市場也不明確，大家在追捧之時，應該更務實看待對科技的需求，到底需要5G的哪些能力？哪些應用才是消費者需要的？

「如果提出的應用服務無法產生實質的商業價值，恐怕就只是淪為科技人一廂情願的想法。沒有市場需求的

科技，是無法成功的。

「目前國內外普遍的5G宣傳或報導，實在過於誇大，譬如5G傳輸速率可以達到10G或20Gbps、時延只有1毫秒，5G又是如何可以執行遠端手術等，已造成許多用戶對5G有過高期待，但目前實際所能達到的，卻是遠遠低於這些理想值。」

甚至，林國豐認為，「所謂透過5G執行遠端手術的說法，更是嚴重誤導，最多就是遠端協作而已，落差很大，反倒造成後續推展5G的阻力。而這些理想的5G能力，哪天可以實現？恐怕將是一條長遠的路。」

他的擔心並非毫無道理，畢竟5G技術真的很複雜，第一次就做對的挑戰很大，普及網路布建在第一時間做到位更是不容易，也不可能。

言過其實的危機

2019年7月17日，英國《金融時報》報導，南韓在2019年4月成為全球第一個推出5G服務的國家，希望藉此改寫全球科技里程碑，但由於5G服務品質不佳，業者正面對愈來愈高的批評聲浪。

南韓夸夸其言，宣稱其5G滲透率全球最高，超過160萬用戶在2019年6月底轉為5G用戶，占全球5G用戶的77％。由於政府慷慨補助和業者大力行銷，5G智慧型手機在南韓賣得很好，5G服務在南韓滲透得比4G還快。

然而，南韓電信業者表示，5G的速度可達4G的100倍，實際上卻並非如此。

　　有人說：「5G下載電影的速度確實比4G手機快，但沒有達到我預期的速度，而且我在一些地方還遇到收訊問題。」

　　也有人說：「手機這麼貴，如果沒有太多特點，我看不出有什麼好處。」

　　來自客戶的抱怨，已如暗潮湧動。

　　5G技術預期能提供更高水準的高速網路連線、實現更先進的資訊科技服務，例如：人工智慧、自動化駕駛、VR和AR，但許多用戶對他們的5G使用經驗失望。

　　問題的癥結在於，基地台數量不足。業者必須盡快擴大設備投資，以解決問題。

　　南韓政府資料顯示，業者在境內建造大約63,000座5G基地台，但這個數字，不過是4G基地台的7%。

　　依照南韓政府估計，韓國電信（KT Corporation）、鮮京電信和LG Uplus等業者，在2019年，光是5G技術就投資至少26億美元（約合新台幣780億元），因為南韓對5G寄予厚望，希望新科技能帶動資訊科技成長。

　　南韓經驗給我們的警訊是，「簡單來說，面對新技術、新挑戰，在商業前景並不明朗之下，我們不能貿然大舉投入，但也絕不能躊躇不前，必須小心前進，」林國豐說。

TOWER
RECEPTION

SIGNAL TRANSFER

CONNECTIVITY

CELL PHONE
TOWER

TRANSMISSION

WIFI SIGNAL

SERVICE RADIUS

SIGNAL

第三部

勾勒5G新經濟

創新應用齊飛，
競合之間，
如何掌握關鍵成功因素？

1. 迎接數位創新

十九世紀七〇年代，是發明的黃金時代。

1876年，貝爾發明電話機；1877年，愛迪生發明留聲機……，這是不少人耳熟能詳的例子。但鮮為人知的是，1870年代，愛迪生也曾研發電話機。

在貝爾創辦的實驗室，兩位研究人員經過五年努力，開發完成一款名為「格拉福風」（Graphophone）的留聲機，更優於愛迪生的原型機。

意料之外、情理之中，研究人員此舉，又刺激愛迪生改良出可重複播放的滾筒唱片型式的留聲機……

科技創新的良性循環

貝爾發明的電話，顛覆了當時獨霸市場的電報，直接用聲音傳遞訊息，因方便性而廣受人們喜愛，在電信史上揭開嶄新的篇章。

愛迪生發明的留聲機，經過大幅改良，帶動圓盤唱

片興起，為娛樂業奠基；到了二十世紀初，收音機與電視機問世，進一步帶動娛樂業蓬勃發展。

二十世紀中葉，電晶體的發明帶動電子科技突飛猛進，帶來無數未曾有的便利和人類行為的改變，至今未曾稍歇。

從文字、聲音、聽覺到視覺，展現的是人類對溝通進化的渴望。

唱片、留聲機、電報、電話與無線電廣播等商品與應用的發明，逐漸打破溝通的時空局限，帶動無線電技術的應用。

電晶體收音機的盛行普及，是第一個把電子科技產品擺放在人們手中的成就，從此不必再守著微波爐大小的真空管收音機才能聽廣播。

少年時，筆者在農家學習英語階段，便是如此。放學後，夕陽西下，一手牽繩放牛吃草，一手拿著電晶體收音機聽廣播學英語，至今記憶猶新。

隨後，廣播事業精進，調變技術升級，從調幅（AM）到調頻（FM），帶來更優良的廣播品質。

從聽聲音到影音雙全

無線電視機問世，致使大眾傳播模式演進，從聲音變成影像，載具從窄頻（收音機）到寬頻（電視機），帶動內容產業興起。

1964年，日本利用人造衛星電視轉播東京奧運，觀眾坐在家中客廳就能看見千里之外的體育賽事，這是奧運史上的第一次。當然，從黑白電視到彩色電視，又是視覺享受的一大進步。

　　電磁波在空中傳播稱為無線電，在導體中傳播則是有線電。銅線是優質的電磁波導體，可做成同軸電纜成為寬頻傳輸網路，傳輸能力極佳，若拿來傳送電視訊號，可同時提供數十個視訊頻道，有線電視應運而生。

　　甚至，在電信業者推動以ADSL為主要的早期高速上網媒介之前，有線電視業者已利用纜線數據機（cable modem）搶先進入市場，奠定有線電視在寬頻上網業務的灘頭堡，且隨著纜線數據機技術精進，以及光纖（optical fiber）的運用，這項業務至今仍十分具有競爭力。

電子科技與電信網路擦出火花

　　伴隨電信與電子科技結合應用，傳輸進入數位化時代，把聲音訊號轉換為0與1串列，傳輸品質得以提高並易於確保。

　　此後，民眾不僅能夠看電視，更能夠看高畫質電視（HDTV），甚至是更高品質的所謂4K或8K視訊傳播產品。

　　電子科技進步帶動電腦發展，產生數據通信的需求，從低速（Kbps，每秒千位元）到高速（Mbps，每秒百萬位元），網際網路的普及應用更進一步帶動寬頻業務

的發展。於是，電信發展進入寬頻高速網路階段。

與此同時，軟體程式也大幅翻轉機器設備的設計與效能，電信系統進入程式控制的數位化網路時代；再加上視訊壓縮技術的發展，數百個電視頻道可以滿足各種不同需求。

如果電信事業的開始，只是一口井，現在，已經成為一座大湖。

可惜的是，台灣有線電視的引進，起步凌亂，直到最近才完成全面數位化。

當網際網路遇上行動寬頻

行動通信的基本技術原則，貝爾實驗室在1946年便已提出，只是當時的技術，尚不足以處理複雜訊號在細胞間無縫交遞。

三十五年後，1981年，電子資訊技術已經成熟，微處理器和軟體技術能夠支援行動通信所需功能，終端機雖然體積大又笨重，卻也可行。

透過細胞式無線電頻率重複使用，行動通信得以實現，突破使用者用固定電話才能連線的限制，移動中也能自由通訊，甚至變得個人化。

四十年來，經由1G、2G、3G、4G四代技術與應用的發展，複製了固定電信走過的歷程，從類比到數位、從窄頻到寬頻，銜接網際網路。

再加上，2007年智慧型手機橫空出世，行動寬頻網路（Mobile Broadband Internet）先贏得「行動優先」（mobile first）之呼號，接著再升級至「行動唯一」（mobile only）。

緊接而來的第五代行動通信，5G，風風火火登場。

包含固網、行動和網際網路的電信事業，這個大湖已經成為汪洋大海，而揚帆在這片大海中的，就是所有的越網（over the top, OTT）業者。

值得注意的是，越網大咖是影視服務提供者，他們會不會進入5G電信網路市場？還是選擇彼此合作？

把握商機，先要問對問題

「最大的問題是，什麼不會受到5G的影響或破壞？下一代行動網路將推動多元化的數位創新，從實體物件數位化到人工智慧，引領一個令人興奮的新世界，企業領袖和國家需要為此好好準備，」顧問公司Ovum娛樂業務首席分析師巴頓（Ed Barton）說。

「5G將震撼媒體和娛樂業。如果公司妥適因應，它就是一項重要的競爭資產；如果沒有，他們就有失敗甚至滅絕的風險。

「這股5G轉型浪潮不會僅止於單一行業。現在，所有企業決策者都該問：你的企業是否準備好5G？」英特爾市場開發總經理伍德（Jonathan Wood）如是說。

什麼不會受到5G的影響或破壞？

你的企業是否準備好5G？

這是兩個值得我們一問再問的議題。

機會是給準備好的人，最好的準備方式是參與5G早期試用。未必是先占才能贏，但至少要了解可以達成什麼成果，並且在適當時機進入市場。

2. 傳娛事業全面革新

　　網際網路在各國政府刻意低度監管的政策下迅速成長，尤其是各政府競相推動「國家資訊基礎建設」（National Information Infrastructure, NII）之後，幾乎所有電腦都連結上網。

　　從此，它不只是電腦網路，更是網路電腦（networked computer），形成虛擬空間，像個實體世界之外的新天地。

　　這個新天地成為創新的溫床，新的網路商業模式、顛覆傳統的破壞式創新接二連三出現，造就了越網業者愈做愈大。

越網業者攪亂一池春水

　　依據ITU在ITU-T第三研究組（SG3）的說明：

　　雖然沒有一致的定義，本質上，越網服務是經由網際網路

提供給用戶的服務或應用，在大多數情況下，不涉及電信
網路業者。

這涵蓋了網際網路上提供的各種服務，包含通信和訊息
服務，如：Skype、WhatsApp、Viber和臉書即時訊息，以
及語音與視訊廣播服務，如：Spotify、YouTube TV、網飛
（Netflix）和亞馬遜影視。

從廣義上說，幾乎所有使用網際網路提供的服務，都可以
被視為越網服務。

由此可見，固網與行動電信寬頻網路愈發達、網際
網路愈普及的市場，傳統媒體和娛樂業遭遇越網業者的
挑戰愈強勁，甚至回頭挑戰負載著他們的笨蛋 —— 笨水
管提供者！

增加媒體使用消費量

在4G應用中，行動媒體消費占有顯著地位；進入
5G時代，還會更加強大。

5G增加的容量，必然帶動行動媒體消費量增加，行
動業者有能力銷售高數據量業務包，甚至是「吃到飽」
方案。當5G的每位元成本降到比4G更低，行動業務獲
利就會增加。

更大的網路容量，有利於行動業務擴充到固網寬頻
市場。當容量達到100MHz，行動業者就可以在一個共用

基礎設施上，同時提供增強型行動和固網寬頻；但在固網寬頻市場，業者就得自行提供或透過合作提供其他服務，例如：影視串流。

5G的低時延特性將促進像AR、VR、遊戲等使用情境更具互動性，從而開創全新類別的媒體。

有了5G，全然互動式遊戲便可以做到人人付得起的地步。

刷新媒體運用體驗

行動邊緣運算允許內容在本地儲存，降低內容傳送的費用，並讓行動業者和內容提供者可輕易、有效提供特定的本地內容。有了行動邊緣運算，新的現場直播體驗，將在如體育館或演藝廳等大型公共場域呈現。

網路切片的應用之一，是為媒體公司提供內容配送的專用網路，行動業者可以拿一個網路切片專供4K影視串流使用，或專供高規格即時轉播活動，如：奧運。

5G會改變開車的體驗，車聯網將讓司機與乘客一起消費更多的媒體。

網路容量、低時延，以及本地化儲存之結合，將增進車輛的高速連網；它也能創造新商業模式，例如：在高速公路休息站或加油站建置5G熱點，司機可以迅速下載地圖，或上傳車輛檢查結果。

5G帶動的轉型，不只是速度，還有全新的商業模

式和沉浸式互動體驗，大幅縮短內容與受眾的距離，將翻轉娛樂與傳播產業，舉凡影視、遊戲、音樂、廣告……，都將徹底改變。

帶動媒體與娛樂事業發展

Ovum應英特爾公司委託，於2018年10月發表一份調查分析報告《5G如何影響媒體與娛樂事業》（How 5G will transform the business of media and entertainment），針對消費市場進行營收預測和分析，探討5G將如何改變媒體和娛樂業。

Ovum報告指出，在研究設定的十年期間（2019年～2028年），因5G驅動的新服務與應用，全球累計營收將達7,650億美元，其中美國與中國大陸各約2,600億美元、1,670億美元。

5G帶動全球行動媒體市場成長，2025年時，全球5G營收將超越3G與4G，達到2,000億美元，而未來十年的營收規模，則將從2018年的1,700億美元成長至2028年的4,200億美元，十年間複合成長率為9.8％。

由於eMBB為串流媒體提供無縫的高品質體驗，到了2028年，消費者花在影視、音樂和遊戲等行動媒體的金額，將幾乎是2018年的兩倍，達到約1,500億美元。

行動顯示廣告表現更為突出，得利於各項業務使用量的增加，例如：影視和5G驅動的新型沉浸式應用，

預估2028年營收高達約1,800億美元，比2018年增加141％。

出現替代效應

在Ovum的調查中，超過半數回應者表示，有意把通信和電視服務轉到5G業者。5G可以匯集固網和行動服務並達到經濟規模，提供包裹式服務，也就是「住宅電信連線＋電視＋影音」。

如此一來，5G網路提供者有機會在住宅寬頻和電視服務領域取得重大進展，而固網寬頻業者和傳統付費電視提供者則可能流失收入。

當5G速度不斷提高，本來由有線電視和其他固網業者享有的寬頻速度差異將逐漸消失，替代效應可能很難避免。

美國就是最明顯的例子。Ovum預估，2028年時，9％住宅寬頻會採用5G做為主要連線，貢獻接近90億美元營收。這個數字與Ovum的調查相比，或許偏低，但固網寬頻業者與5G業者的激烈競爭，勢不可免。

2028年，沉浸式新媒體應用將因5G而爆發，達到前所未有的規模，年營收超過670億美元，相當於2017年行動媒體市場（影視、音樂和遊戲）的表現。

新的沉浸式互動體驗，包括：VR、AR、雲端遊戲，2028年營收預計可達477億美元，比2018年增加24

倍，在全球創造高達1,420億美元的營收。

受益於5G硬體和網路能力臻於完備，預期在2023年至2025年，接近實境的VR體驗得以實現 —— 前提是，人形規模210度水平視角、六個自由度移動，高影像解析密度顯示／投影、超微小電池，以及高反應式互動等元件，必須先行到位。

譬如，在行動邊緣運算能力帶動下，將可拉近粉絲和偶像的距離。在互動直播中，透過全景成像或多鏡頭即時切換，提供粉絲「偶像視角」畫面。

這些體驗可以創造極高的消費者價值，但這樣的體驗需要搭配在網路遠端執行的計算能力才能辦到。

此外，像是車內娛樂、3D立體全像顯示、體育館內實況體驗等，也將在未來十年，為這些公司創造累計430億美元營收，在2028年達185億美元。

5G將為媒體使用者帶來嶄新的感官體驗，在視覺、聽覺之外，更融入觸覺和感覺。

3. X效應

　　電腦運算技術因為電信寬頻普及進入雲端運算時代，其中虛擬化概念回頭用在電信核心網路，產生網路功能虛擬化這項新技術。

　　為解決大型雲端運算數據中心之間大量數據快速搬移之需求，軟體定義網路應運而生，而結合軟體定義網路、網路功能虛擬化、雲端運算及邊緣運算，網路軟體化也在靜悄悄地萌芽生長。

｜電信業的破壞式創新｜

　　2018年，日本最大電商平台業者樂天，取得第四張電信執照，宣布自建網路經營5G業務端。

　　樂天創辦人三木谷浩史（Hiroshi Mikitani）說：「我們是用全新的方法在設計電信網路。」這個新方法，就是網路軟體化建設方案，而其伺服器供應商雲達科技表示，日本樂天行動網路公司採用虛擬化行動網路，利用

行動邊緣運算技術、產品和解決方案，被視為電信業界的破壞式創新。

創新的成效，顯示在網路建設成本。

三木谷浩史說：「如果你用建設4G的成本看，我們的建置成本是傳統電信公司的一半；如果你把建置5G的成本也加進來，我們的成本比別人少七至八成。」

如果樂天的策略成功，代表5G的確顛覆電信經營手法。而台灣，是否從中得到啟發？

善用技術優勢

國際研究機構IHS預估，若台灣能掌握5G先期技術與商機，2035年，台灣5G價值鏈可望創造1,340億美元（逾新台幣4兆元）產值，帶動51萬個相關就業機會。

5G半導體晶片設計與製造、零組件設計與製造，到5G行動終端設備設計製造，以及5G網路設備系統設計製造，都是高度技術性的工作，必須遵照技術標準組織制定公布的標準進行。這些技術正是台灣的強項，搶得5G先機，並非難事。

〔圖1〕左半邊（晶片組件、終端設備、網路設備／系統）生態系統的養分來自兩方面：一是行動通信業者為建設5G網路採購網路設備，和為轉銷給客戶使用的終端設備採購，二是終端設備製造業者銷售給通路的終端設備收入。

這種價值鏈的規模，將因5G應用領域擴大而增長，尤其是當物聯網或機器型通訊（MTC）和uRLLC兩項功能俱全時，〔圖1〕中的每個單元需求擴增的程度，不難想像。

然而，在5G生態系統發展之際，有一項最基礎的原則必須謹記：能夠互連互通的電信網路才有價值。一支手機走遍天下，隨時隨地可以取得或傳送資訊，靠的就是遵守相同標準的網路。

關鍵晶片就位

在3G、4G時代，全球手機晶片龍頭高通與台廠互動緊密；一旦5G商轉，情勢又將如何？

在2019年的世界行動通訊大會，高通邀集全球夥伴組成生態系，共同宣示在5G領域合作的決心，台灣宏達電、啟碁與華碩旗下亞旭三家業者受邀參加。

台廠之外，其他像是三星、小米、OPPO、中興、安謀（ARM）、中國移動、NTT DOCOMO、愛立信、軟銀、ORANGE、T-Mobile等三十多家大廠，也在受邀之列。顯然，高通對於搶攻5G版圖，極具企圖心。

事實上，目前全球手機廠第一波推出的5G手機，包括：三星、小米、OPPO等，大都採用高通晶片，而高通也於2019年第二季，將最新5G整合晶片送樣給客戶。

那麼，台灣的晶片業者，動向又是如何？

圖1：5G產業鏈的規模隨應用領域擴大而成長

晶片組件	終端設備	網路設備系統	電信業者／網路	服務應用	通路	客戶
晶片設計	手機	核心網路	行動網路	行動上網電商影音內容娛樂	服務中心業務代理終端銷售	消費者
晶片製造	NB	接取網路	雲端IDC			
	PC	回傳電路	行動邊緣運算			
基頻模組	穿戴式裝置	光纖網路		智慧城市智慧交通智慧醫療智慧農業工業4.0	系統整合顧問服務	企業客戶
	感測器					
無線電模組	閘道		企業專網			

人工智慧、大數據、資安、開放系統、軟體與硬體整合

政策、法規、技術標準

OTT

聯發科對於5G晶片的研發，是以台灣上千人的團隊為核心，在印度、中國大陸、美國、英國、芬蘭皆設有海外研發中心，單一國家的參與人數約百人。其中座落在芬蘭奧盧、共計130人的團隊，正是聯發科建立「5G生態系」推動各項驗證的關鍵據點。

2019年3月，聯發科表示，目前分別以自家數據機晶片M70與諾基亞AirScale 5G基地台完成首輪5G互通測試。未來，與諾基亞在5G測試上，還會延伸到醫療、汽車、機器人及工業等領域。

在4G時代，聯發科的晶片發展落後先進對手約兩年；但進入5G賽局，則是新的開始，差距不到半年。加上有好的技術合作對象，若欲打入5G前段班，算是有了好的立足點。

接下來，值得關注的，就是服務端的整備狀況。

2017年，GSMA就5G發展所做的調查《5G時代：無限連接與智能自動化的時代》（The 5G Era: Age of Boundless Connectivity and Intelligent Automation）顯示，5G時代，全球行動通信業者營收在2020年至2025年間的年度複合成長率為2.5％，達1.3兆美元。

5G行動通信業者的主要營收來源是企業客戶，即B2B與B2B2X的商業模式，在受訪執行長心目中的重要程度達89％，是成長的主要機會；消費客戶B2C的重要程度為54％，上網業務A2P（Application to Person）是34％；政府部門業務B2G和B2G2C，則為40％。

跨域合作如火如荼

由於5G帶動的應用或服務種類眾多，各產業也開始組成開發團隊，進行應用開發與商業模式探索，異業合作的風潮在世界各地席捲而過。

在中國大陸，2016年2月，中國移動成立5G聯合創新中心，目的是從4G向5G演進過程中，聯合通信及垂直產業的合作夥伴，共同構建共贏的融合生態。

他們聚焦在交通、能源、工業、農業、教育、醫療、金融、智慧城市、文創娛樂等領域，在全國各省市建立22個開放實驗室。截至2019年3月，合作夥伴達430家，其中垂直行業合作夥伴358家。

　　目前，中國移動已選訂33個聯合創新項目，分區進行，例如：智慧駕駛在北京和山東，智慧電網在北京和上海，智慧城市在江蘇和四川，聯網無人機在北京、上海和浙江，智慧工廠在上海、重慶和北京。

　　如此大規模推動，目的在培養四大能力：基礎通信實驗能力、業務開放實驗能力、成熟度測試認證能力，以及用戶分析及體驗能力。

百花齊放，各顯神通

　　2017年，日本電信與傳播事業主管機關攜手推動5G試用，共六個團隊參與，包括：四家電信業者，NTT DoCoMo、KDDI（第二電電）、軟體銀行（Soft Bank）、NTT Communications；以及兩家研究機構，國際電氣通信基礎技術研究所（ATR）和情報通信研究機構（NICT）。

　　六家業者中，由NTT Communications負責eMBB技術，KDDI和軟體銀行各自承辦一項屬於uRLLC技術應用項目。值得一提的是，兩個研究機構，國際電氣通信基礎技術研究所和情報通信研究機構，分別主辦eMBB

技術和mMTC技術的實驗與評估。

　　這意謂著，5G時代的主角不再局限於電信公司，誰能運用5G新技術，為企業提供數位化和智慧化的解決方案，就有機會勝出。

　　至於身為日本最大行動通訊業者的DoCoMo，則是在2018年1月公布「DoCoMo 5G開放夥伴計畫」，廣邀各界共同探索5G的應用開發。

　　DoCoMo選擇了15項應用，包括：先進行動寬頻類的VR、AR、高度存在感（視訊）、高度密集訊務場域（如：體育場）的高畫質影視廣播等；物聯網的大量連線應用，如：智慧城市、智慧家庭、智慧穿戴裝置、智慧製造等；以及超可靠與低時延方面的無人機控制、觸感通訊、遠距手術等。

　　DoCoMo免費提供「5G開放雲」供參與者使用，希望在2020年5G正式商用前做好創新生態系統的準備。截至2019年3月，共有約2,000家企業參與5G開放夥伴計畫，預期2021年底將有5,000個夥伴加入。

　　DoCoMo總經理兼執行長吉沢和宏（Kazuhiro Yoshizawa）表示，該公司預計2019年9月啟動5G預商用，2020年年中開始在日本全面商用。

多元合作，共同開發

　　DoCoMo執行副總兼董事中村宏（Hitoshi Nakamura）

表示，未來，「一方面繼續布建和擴大5G網路，另一方面則會加速跟垂直產業夥伴共同開發5G服務和市場。」

譬如，與NEC合作，開發O-RAN（開放式無線接取網路）架構基地台。中村宏指出，「DoCoMo是發展O-RAN架構的領導者，利用支持開放介面的基地台，我們可以依各種使用案例，如：5G時代的B2B2X業務，彈性且有效地布建5G網路。」

富士通也表示，他們已經開始交付5G基地台給DoCoMo，包括：中央單元和無線單元。

5G中央單元包含富士通自己利用軟體定義無線電（software-defined radio）技術開發的專屬軟體，可以在相同硬體上建置不同的無線技術；5G的無線單元則內建波束成型的天線，增進網路有效部署，可支持三個5G頻段，即3.7GHz、4.5GHz和28GHz。

這樣的趨勢，也適用於其他日本電信業者，像是新加入的樂天電信，便採用了中磊電子依照O-RAN架構開發的5G無線單元。

開展策略聯盟

台灣方面，2018年1月29日，中華電信為加速推動5G服務，協助台灣5G產業發展，結合經濟部技術處5G辦公室、工研院、資策會共同發起成立「台灣5G產業發展聯盟 —— 中華電信領航隊」。

這個聯盟廣邀海內外產、官、學、研約四十個機構及企業結盟，建構端到端的5G產業鏈，以2020年實現台灣5G商用為目標，並同步國際5G標準與商轉時程，把台灣放進全球5G經濟行列中。

聯盟的企業界成員，包括：晶片業者聯發科，網通設備廠鴻海、廣達，小型基地台中磊、正文、合勤控、智易、明泰，終端品牌廠宏碁、華碩等，組成5G從晶片、終端到基地台的解決方案。

聚焦端到端產業鏈

領航隊共同執行長林國豐表示，2019年4月23日，領航隊成員發表19項國產5G產品，從晶片、毫米波天線、手持式終端、智慧眼鏡、小型基地台、邊緣運算、8K+5G解決方案、資安解決方案及雲服務平台等，構成完整的端到端5G產業鏈。

繼中華電信之後，2018年12月13日，遠傳電信宣布「5G先鋒隊」成軍，集結工研院、電電公會、廣達、中磊、正文、智易、神通電腦等，合計26家海內外業者，共同建立5G車聯網產業鏈創新基地，以及5G車聯網產業生態鏈。

這個先鋒隊聚焦車聯網，除了進行5G國產設備商互通測試，並且規劃將進行自駕車C-V2X（Cellular Vehicle-to-Everything）車聯網域測試。為推動此項

工作，遠傳已經加入國際5G汽車通訊技術聯盟（5G Automotive Association, 5GAA）。

5G ＋ X

在硬體功能日益強大、價格日趨低廉的推波助瀾下，網路程式化，從設計、建置、部署、管理，到維護網路設備和／或網路元件，開闢了X-as-a-Service的康莊大道。

X，可以是平台，也可以是網路，當然也可以是某個功能或應用。從此，網路變得十分具有彈性，但網路管理的複雜度也提升了。

網路切片提供特定能力和特性的邏輯網路，就是X。

邊緣運算把計算能力和儲存資源，擺到更接近客戶端的位置。

對於需要低時延（小於20毫秒）的應用，如：自動裝置（自駕車、機器人、無人機等）、沉浸式體驗（如：VR、AR、互動環境等），以及自然介面（如：語音控制、運動控制、眼球追蹤等），均將大有助益。

這類應用很自然地把營運技術（operation technology, OT）和資通訊技術結合在一起，若營運規模所需計算資源超越邊緣運算能力，雲端運算就必須登場。

因此，擁有機房的電信業者，把機房雲端數據中心化或轉型為邊緣運算的節點，此刻正是時候，未來大部

分訊務將來自雲端數據中心。

電信業者務必做好準備，迎接5G帶來的機會；否則，網路軟體化的發展，將給予雲端運算業者進入電信網路的切入點，此消彼長勢不可免。

這樣一來，也許雲端運算業者會更有能力實現網路程式化，並且整合營運技術、物聯網、大數據分析和人工智慧，提供企業客戶升級的解決方案。

倘若如此，意謂新的生態系統成形，傳統電信業者只能眼睜睜看著新對手穿金戴銀，而自己依然守著笨水管。所幸，電信業者已經有所領悟。

越網業者VS.傳統電信公司

免執照的頻段愈來愈多，再加上法規鬆綁，不難想見，未來的電信事業必然熱鬧非凡。值此盛況空前之際，整個生態圈又有一波暗潮湧動 —— 越網業者即將蜂擁而至。

麥肯錫公司（McKinsey）估計，2018年，越網業者在訊息、固網電話和行動電話這三項傳統電信主要業務，已經分別拿走60％、50％、25％訊務量；Ovum則預測，未來十年，傳統電信公司在這三項服務的營收將減少36％。

因應變局，麥肯錫對電信業者出忠告：一方面要轉型成為超簡電信公司（super-slim telco），另一方面則要

全力開拓企業客戶市場。

　　如何轉型成為超簡電信公司？方法不拘一格，例如：某些可以切割清楚的次要業務外包。此外，善用人工智慧，也是一途。

　　李開復在《AI新世界：中國、矽谷和AI七巨人如何引領全球發展》一書，提到「未來名存實亡的十種工作」，電信公司便有四類工作上榜：電話行銷員／電話銷售、客戶服務與支援、出納和營運人員，以及電話接線員。這些工作極可能為人工智慧取代，從而精實人力。

　　不過，對電信公司而言，這或許也是轉型的契機！一方面精練人工智慧在電信領域的應用，一方面轉化人工智慧應用經驗，針對企業客戶提供智慧工具或解決方案，開拓企業客戶市場。如此，恰恰呼應了麥肯錫的兩項建議，可謂一舉兩得。

　　網路資源共享方面的鬆綁，主要電信業者皆認為，在偏遠地區或許有機會共建網路以節省成本，但在市場競爭激烈的都會區，似乎沒有什麼誘因。

　　至於新業者，當然希望透過網路資源共享快速進入市場，畢竟日本樂天那種破壞式創新策略，不是人人都做得到。

TOWER
RECEPTION

SIGNAL TRANSFER

CONNECTIVITY

CELL PHONE
TOWER

TRANSMISSION

WIFI SIGNAL

SIGNAL

SERVICE RADIUS

第四部

兩強相爭下的世紀變革

5G競合的場域，在全世界。
鏖戰背後，
是商業利益的角逐？
還是國家安全的抗衡？
科技新冷戰即將開打？

1. 誰惹急了川普？

2019年2月21日，美國總統川普在推特寫著：

我要5G，甚至6G技術必須盡快在美國（生根發展）。它比現有標準更有力、更快、更聰明。美國公司必須加緊努力，否則就被拋在後頭。我們沒有理由落後……

川普的呼籲遲到了。

牽一髮而動全身

川普看到的是「果」，但聰明如他，應該探究的是「因」。

他應該問的是：為何落後？而不只是說：「沒有理由落後」。

但，是什麼讓川普如此緊張？

也許，他最近看到了一些現象，例如：對於技術

標準的制定，各主要參與者在標準關鍵專利（standard essential patents, SEP）的地位有所變化，美國不再雄踞第一名寶座。

雖然標準關鍵專利排名不能完全代表競爭力，卻也是一項技術能力的重要指標。它的變化，反映了電信生態系統的演變。

落後的危機

依據科技顧問公司IPlytics 2017年11月發表的統計資料顯示，在2G（GSM）、3G（UMTS）、4G這三個行動通訊標準中，標準關鍵專利持有者前十名依序為：

高通（14,539件）、InterDigital（11,132件）、愛立信（10,949件）、諾基亞（10,180件）、華為（5,880件）、三星（5,050件）、Panasonic（3,737件）、樂金（3,560件）、英特爾（3,412件）、諾基亞－西門子（3,259件）。

依各國公司持有比例看，美國公司占比為38.72％，名列第一；南韓公司占11.46％，中國大陸公司占7.83％。

到了5G，IPlytics於2019年7月發表的資料顯示，標準關鍵專利持有者前十名，依序為：

華為（2,160件）、諾基亞（含阿爾卡特－朗訊，1,516件）、中興（1,424件）、樂金（1,359件）、三星（1,353件）、愛立信（1,058件）、高通（921件）、夏普（660件）、英特爾（618件）、中國技術院（552件）。

圖1：令川普心急如焚的標準關鍵專利消長

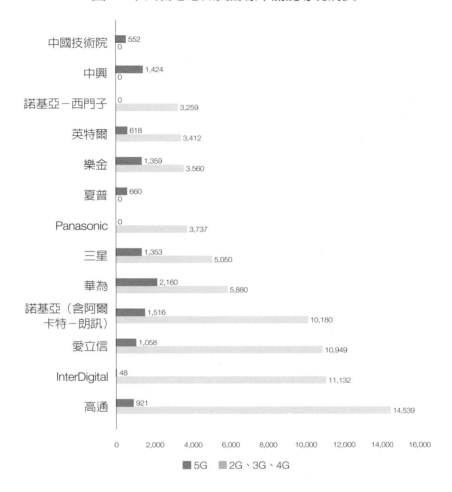

中國技術院	552 / 0
中興	1,424 / 0
諾基亞－西門子	0 / 3,259
英特爾	618 / 3,412
樂金	1,359 / 3.560
夏普	660 / 0
Panasonic	0 / 3,737
三星	1,353 / 5,050
華為	2,160 / 5,880
諾基亞（含阿爾卡特－朗訊）	1,516 / 10,180
愛立信	1,058 / 10,949
InterDigital	48 / 11,132
高通	921 / 14,539

■5G ■2G、3G、4G

這個回合，中國大陸的公司與機構以35.6％高居第一，其次為南韓公司的23.3％，美國公司則以13.2％居於第三。

在5G場域，美國公司中最積極參與者，仍然是高通和英特爾，他們的晶片組技術和製造，在5G行動通訊生態系統占有關鍵地位。然而，本來在2G至4G場域排名第二的InterDigital，在5G卻只有48件標準關鍵專利。

不僅如此，在5G領先的華為、諾基亞、中興、三星、愛立信，都是網路系統製造公司，其中部分公司也從事半導體晶片組製造。

關鍵是，在這兩份前十名的名單中，都沒有美國的網路設備製造公司。

科技產品的標準制定，涉及技術專利的掌握。川普急了。

焉知非福？焉知非禍？

川普的口號「讓美國再度偉大」，處處強調「美國第一」，可能也讓美國自以為在資通訊界仍然所向無敵，卻不知在行動通訊製造領域繳了白卷。

美國落後的原因，恰恰是她曾經引以為傲的決策：MFJ（Modified Final Judgement，修正最終裁定），讓當時已成立七十一年（1913年～1984年）的貝爾系統（Bell System）就此瓦解。

MFJ是美國政府司法部分別在1949年和1974年控訴AT&T違反《反托拉斯法》（Antitrust Law）的產物。

1949年的官司，在1956年以和解收場，和解內容稱為最終裁定；而1974年的訴訟案，則在1982年達成和解，其內容包括修正1956年的和解條件，因此稱為修正最終裁定。

在那之後，AT&T旗下的地區貝爾電信公司，拆分為七家獨立的區域電信公司；AT&T繼續經營長途電信（含國際電信），並擁有電信製造事業，以及大部分的貝爾實驗室，而少部分貝爾實驗室則分割成為貝爾通信研究所（Bellcore），技術支援七家區域電信公司。

自由化的起點

AT&T拆分，觸發全球電信事業自由化的浪潮，各國紛紛採行自由化政策，修正法規，把政府獨占經營的電信服務事業開放民間企業參與。

影響所及，大幅改變全球電信生態系統，包含電信技術研究與發展，以及電信網路系統製造業。

1956年的和解內容，包括：限制AT&T只經營美國國內市場和特定政府專案（如：聯邦政府和國防有關之業務）、承諾無償分享專利權。

因此，AT&T在加拿大的電信製造部門分拆成為北方電訊（Northern Telecom，後更名為Nortel Networks）[1]。

---

1 北方電信於1998年與海灣網路（Bay Networks）合併，改稱北電網路（Nortel Networks），後於2009年同時在美國和加拿大申請破產保護。

圖2：5G標準關鍵專利，中國大陸後來居上

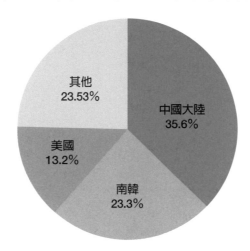

至於AT&T大方分享專利權的最著名案例，就是貝爾實驗室發明的電晶體專利技術，促成日本電子業免費取得且蓬勃發展，一度迫使英特爾策略轉向，退出半導體記憶體晶片市場，轉攻中央處理器（CPU）產品。

1982年MFJ拆分AT&T，主要導致兩大結果：

一方面，七家區域電信公司獨立自主經營，不再受老母親（Ma Bell）的約束，可自主決定網路設備採購。

另一方面，一向在老母親羽翼下穩定成長發展的全球頂尖研發聖地貝爾實驗室，以及來自AT&T製造部門的電信設備製造業者西方電機（Western Electric），面對的是全新的市場情勢，包含來自北方電訊的強攻北美電

信網路設備市場。

1996年，AT&T再次改組，製造部門和貝爾實驗室拆分而出，成為朗訊科技（Lucent Technologies），並風光上市。然而，由於網際網路和行動通訊的快速興起，朗訊科技必須轉型以因應新挑戰。

遺憾的是，接二連三的錯誤策略，十年後，2006年，朗訊為法國阿爾卡特（Alcatel）併購，成為阿爾卡特－朗訊（Alcatel-Lucent, ALU）。

曾經輝煌的電信製造巨人從此謝幕，而貝爾實驗室跟著成為阿爾卡特－朗訊的研發部門。又一個十年過後，2016年，諾基亞併購阿爾卡特－朗訊，後者成為消滅公司。

另一方面，七家區域電信公司之一的西南貝爾（Southwestern Bell Telephone Company, SBC），經過一系列併購成長，於2005年併購AT&T，AT&T成為消滅公司。只不過，由於AT&T這個招牌太過深植人心，併購後的西南貝爾更名為AT&T，留下這個超過百年歷史的招牌。

誰能繼續輝煌？

當初，曾是全球電信界奉為最高殿堂的貝爾實驗室，產生過八位諾貝爾獎得主，筆者亦曾參訪其傳輸系統技術研發大本營霍姆德爾（Holmdel）實驗室。在那裡，一個屋頂下齊聚六千位頂尖研究開發人員，研發實

力毋須贅述。

　　曾幾何時，人去樓空，原址改建為住宅區，場面令人唏噓。

　　企業家出身的美國總統川普，何不考慮運用美國堅強的資本市場實力，力行「打不倒你就加入你」的策略，投資或併購華為？熟悉國際事務的全球玉山科技協會理事長王伯元曾經大膽地公開建議。

　　中、美在5G領域，其實各有不可取代的優勢。

　　習近平領導的中國大陸，喊出「中國製造2025」，舉國力爭在高科技領域成為世界第一；美國的川普政府，喊出「讓美國再次偉大」。

　　對大陸來說，這是一場必須贏的戰爭；對美國來說，這是一場不能輸的戰爭。

　　中、美兩強，從貿易戰到科技戰，真真假假交互過招，台灣如何在這個美中角力新戰場中獲利？

2. 白宮5G高峰會

　　投資或併購，仰賴商界之力，但要竟其功，還需要來自政府的一臂之力。

　　放眼未來，5G具備三大特色：改變遊戲規則的潛力、成為新興科技的通訊基礎，以及帶動2,750億美元的投資、5,000億美元的經濟成長、300萬個工作機會。來自美國最高權力機構的「推手」，於焉伸展。

政府出招，營造投資環境

　　2018年1月，Axios新聞網站報導，川普政府在思考將部分行動通訊網路國有化，俾對付中國大陸對美國經濟和網路安全的威脅。

　　這個概念，有一說指出，只是政府低層人員之間的討論，但遭聯邦通信委員會反對而作罷。

　　2018年9月28日，白宮召開5G高峰會，出席者包括：聯邦通信委員會主席派伊（Ajit Pai）、國家電信暨

資訊管理局（NTIA）局長雷德（David Redl）、參議院商業委員會主席／南達柯塔州共和黨參議員蘇內（John Thune），以及國家經濟委員會主席兼白宮經濟顧問柯德洛（Larry Kudlow），會中討論重點聚焦於如何鼓勵民間部門投資5G。

還諸市場機制

柯德洛重申川普的「美國第一」口號，建議以降稅和法規鬆綁，刺激民間投資。

派伊在會中報告進行中的「5G FAST 計畫」，目的是促進美國在5G技術方面的優勢，包含三部分：

一、為市場釋出更多頻譜。

二、修正改善基礎建設政策。

三、過時監理法規現代化。

他並強調，2018年稍後，要進行第一波5G頻譜拍賣，以及規範地方政府向5G業者收取使用公共設施布建網路之費用等事項。

蘇內也強調，有必要釋出更多頻譜，尤其是中頻段，以及解除行動業者布建小基站所遭遇的困難。

對此，美國無線電公會（Cellular Telecommunications Industry Association, CTIA）總裁貝克（Meredith Attwell Baker）代表稱讚白宮鼓勵民間投資5G，並附和蘇內倡議的多釋出中頻段供商業界使用，俾滿足客戶對行動數據

之需求。

　　川普在高峰會中提到：「在美國，我們的做法是民間部門驅動和民間部門領導。」這一點，最後也成為整場會議的結論。

｜釋出更多頻譜｜

　　在頻譜方面，美國聯邦通訊委員會致力於為5G服務釋出更多頻譜。

　　針對高頻段，美國聯邦通訊委員會優先拍賣高頻段頻譜，現已完成5G頻譜第一波28GHz之拍賣，接下來要進行24GHz之拍賣，稍後還要釋出37GHz、39GHz、47GHz等頻譜。

　　這些拍賣，為5G提供了幾乎達5,000MHz之頻寬。

　　中頻段，由於具備平衡網路布建所需兼顧之涵蓋與容量，成為5G頻譜釋出之目標。

　　美國聯邦通訊委員會正在探討開放2.5GHz、3.5GHz和3.7GHz～4.2GHz等頻帶的可行性，有機會為5G布建提供844MHz之頻寬。

　　低頻段，因有利於大面積涵蓋，美國聯邦通訊委員會正致力於增進此頻段之使用，目標訂在變更600MHz、800MHz、900MHz等頻帶之用途。

　　至於非授權頻段，美國聯邦通訊委員會了解非授權頻段對5G的重要性，已經為下一代Wi-Fi在6GHz和

95GHz以上頻段開創新機會。

所謂非授權頻段，是指配給工業、科學研究、醫療機構使用之頻段，發射功率通常低於1瓦，在不干擾其他頻段情況下，毋須申請執照便可使用，又稱為工科醫頻段（ISM Band）。

舉例來說，2.4GHz便是各國共用的ISM頻段，因此Wi-Fi、藍牙、ZigBee等，均在此頻段上使用。

鼓勵民間投資

在基礎設施政策方面，美國聯邦通訊委員會正在更新基礎設施政策，鼓勵民間企業投資5G網路，例如：

加速聯邦政府檢討小基站政策

美國聯邦通訊委員會採用了新的規則，將減少聯邦監管布建5G所需小基站的障礙，並協助擴大5G更快速且更可靠的無線服務範圍。

譬如，行動通訊業者申請使用路燈桿裝設基地台，屬於地方政府的職權，也是其增加收入的機會，卻因此出現不甚合理的收費標準，後來由美國聯邦通訊委員會出面協調，訂定規範要求地方政府配合。

加速州政府和地方政府檢討小基站政策

美國聯邦通訊委員會修改數十年前制定的規則，以

容納小基站。這些改革，削除了妨礙5G布建的市政路障，例如：費用、核准流程等，給各州和地方一個合理期限，批准或不准小基站之申請。

不僅如此，美國聯邦通訊委員會更致力於過時法規現代化，俾促進5G網路所需的核心骨幹電路建設，並為全體美國人提供數位機會，例如：

- 修改有關在電線桿附掛新網路設備之規定，俾加速5G後接電路之建設並降低成本。
- 為獎勵現代光纖網路之投資，更新高速專線電路服務中有關某些速度之規則。
- 修改規定，讓公司更容易投資新一代網路和服務，而不是看著過去的網路漸漸凋零。
- 建議不要花錢購買對國家安全構成威脅的公司之設備或服務，以求維護美國通信網路或通信供應鏈之完整性。

最後一點，出現在美國聯邦通訊委員會的策略方案中，難免顯得唐突。此舉，意謂供應鏈的完整性已經到了政府各部會全員注意的程度，何以如此？下一章〈來自美國國防部的關鍵報告〉可見分曉。

全體總動員

5G高峰會後，約莫半年，2019年4月30日，派伊於演講中再次強調，白宮當局為維持美國在5G領導地位付

出諸多努力，包含三項重點：

　　第一，5G對美國的經濟、安全和生活品質，具有關鍵影響力，總統親自參與足資證明。

　　第二，在白宮舉辦這個活動，以及2018年由白宮國家經濟委員會召開的5G高峰會，同樣都在提醒，各部會全體動員才能確保美國在5G的領導地位。

　　第三，雖然5G的成功需要政府全體動員，對於5G的發展和布建，採取的是以市場為基礎的策略。

　　美國，為確保4G時代的榮耀可以延續到5G，正以各部會幾乎全體總動員的態勢，展開反撲。

3. 來自美國國防部的關鍵報告

如果 AT&T 拆分是惹急川普的遠因，近因，便是美國製造業衰退。

在 4G 年代，美國企業的發展可謂風生水起。

然而，展望未來，商人的嗅覺讓川普敏銳感知到危機：在 5G 生態圈，美國還能主宰全球通訊嗎？

移轉的恐慌

2019 年 4 月，美國國防部創新委員會（Defense Innovation Board, DIB）發表了一份由梅丁（Milo Medin）和陸雷（Gilman Loule）合著的研究報告《5G 生態系統：對國防部的風險與機會》（The 5G Ecosystem: Risks & Opportunities for DoD）。

報告中，回顧行動通訊代代相傳的演進過程，提供對商業領域與國防領域的觀察與洞見，分析利害關係人與 5G 的未來。

這份《5G生態系統》報告強調，美國如何在由3G進入4G時期，率先（僅次於芬蘭）快速廣泛布建4G網路，並搭乘10倍於3G網路速度的順風車，讓美國公司，如：蘋果、谷歌、臉書、亞馬遜、網飛，以及其他數不盡的公司推出新應用與服務。

當4G擴展到其他國家，在美國普遍使用的這些手機和應用，也就橫掃全世界。如此一來，造就了美國主宰全球無線通訊和網際網路服務的風光，同時開創了美國領導的無線生態系統。

然而，這樣的現象為期僅有十年！當4G在全球風生水起之際，無線場域開始出現許多變化。

眼見陸企風生水起

華為，是《5G生態系統》報告的重點關注對象。

文中指出，華為2009年營收僅280億美元，但到了2018年，便成長到1,070億美元；而傳統的市場領導者，愛立信和諾基亞，相同時期的營收雙雙下滑。

在手機領域，中國大陸業者，像華為、中興、小米、Vivo、Oppo……，即使它們在美國的市場很小，在全球市場卻快速成長；在網通領域，2009年，全球十大網路公司清一色都是美國公司；到今天，2019年的全球十大網路業者，有四家是大陸公司。

局勢已經十分明確。倘若放任華為持續引領風騷，

中國大陸很可能將在5G場域技壓美國一籌。

從4G移轉到5G，將對未來全球通信網路產生極大的影響。值此關鍵時刻，美國怎麼可能視而不見？

川普拆招，祭出5G國有化

川普一度有意使出絕招——讓5G國有化。只不過，這個想法遭美國國會打槍，事後白宮方面也表示，5G仍將交由市場機制運作，未來不會收歸國有。

梅丁和陸雷強調，早起的鳥兒有蟲吃，先行者才有優勢。《5G生態系統》特別剖析毫米波和小於6GHz（中頻段）兩大5G頻段，而美國已經決定，優先使用毫米波頻段布建5G；其他國家和地區所使用頻段，則大部分在小於6GHz頻段。

建議1：分享中頻段頻譜

報告中的第一項建議，是美國國防部為形塑未來5G生態系統，必須就小於6GHz中頻段頻譜分享提出計畫，包括：多少頻寬、哪一段頻譜可供分享，釋出分享之時程，以及分享結果對國防系統將有何影響。

- 美國國防部和聯邦通信委員會必須改變其5G頻譜優先順序，從毫米波（高頻段）改變為小於6GHz（中頻段）。

原本，這兩個單位決定，5G發展優先使用28GHz

和37GHz頻譜，然而這是不對的。

正確的做法是，即使不能共享，國防部也應該準備在中頻段與5G共存。

- **美國國防部應聚焦在大陸已決定使用的中頻段。**

  中國大陸已經選定5G系統運作頻段，也就是3.2GHz～3.6GHz和4.8GHz～5.0GHz，當地的半導體和手機業者已完成相關產品開發。

- **美國國防部應開放部分4GHz頻率與產業界共享。**

  國防部在4GHz頻譜擁有大約500MHz頻寬，不利業界開發產品。

- **倡儀重新指配C頻段（4GHz～8GHz）用途。**

  為取得更多頻譜，美國國防部應建議商務部的國家電信與資訊署（NTIA）、美國聯邦通信委員會和國務院在2019年稍後召開的世界無線電通信大會倡議，把衛星使用的C頻段重新指配予5G使用。美國國防部應鼓勵其他政府部門，對產業界採用共通的中頻段5G網路部署給予獎勵，如：加速折舊、節稅措施、低利貸款，以及政府購買機器和服務等。

建議2：準備因應「後西方」生態系

美國國防部必須準備好，在「後西方」（非美國主導的）無線生態系統中運作。不過，其中必須包含在工程技術和戰略層次有關之系統安全和韌性（resiliency）研

發的投資。

- **假設所有網路基礎設施都是網路攻擊的弱點。**

  分享中頻段固然有助美國投入 5G，但要趕上大陸
  的競爭力並非易事。當美國以外的全球可能都在
  中頻段部署 5G，美國國防部被迫在「後西方」無
  線生態系統中運作，從而必須假設最終所有網路
  基礎設施處處都是網路攻擊的弱點。

- **美國國防部應採用「零信任」網路模式。**

  邊境防禦模式已證明是無效的，當更多系統連接
  到共用網路，5G 只會令問題更加惡化。資訊存取
  不再因為是哪個特別的網路用戶而授權，反之，
  必須在網內經過各種檢核才可以。

  衡量中國大陸在量子計算方面的投資，美國國防
  部甚至應該規劃採用防範量子攻擊的密鑰交換機
  制，以防公開金鑰交換運算程式失效。

- **在零信任網路中，內容可以利用保密技術予以保
  護，然而訊息交換仍然可能透過訊務分析或訊務量
  突然增加而得知。**

  美國國防部必須注意這個問題，並為保持定量的
  訊務而努力，以免出任務時增加訊務而被察覺。

- **確保連線不中斷。**

  在這些安全預防措施之外，美國國防部必須增強
  韌性和部署多重網路，以因應網路攻擊和滲透，
  確保連線不中斷。

- 美國國防部必須備妥方案，以因應並防範在被連累的供應鏈環境中運作。

  這種供應鏈充斥著各式各樣嵌入含有中國大陸半導體元件和晶片組的系統，美國國防部應投入資金研究，如何避免或減少入侵者在橫向系統間遊走、把系統區隔化的可行性及其影響。

  然而，如此做，必定影響功能表現，因此美國國防部必須找到在安全與基本效能之間的平衡點。

- 美國國防部應鼓吹積極保護美國技術的智慧財產權，減緩中國大陸電信生態系統的擴展。

  大陸勢必扶植本國供應商，但美國仍應運用出口管制槓桿，減緩西方製造商市場流失率，即便因此加速大陸壯大自給自足能力。

這些論述，都是基於一個普遍存在西方政府主政者心中的觀念：中國大陸透過電信設備監控全民，也因此認定能夠在當地銷售的產品必然存在後門程式，即不安全的產品，而當這些業者的產品在其他國家或地區銷售，通常不會修改設計。因此，對其安全性同樣存疑。

建議3：懲罰弱點製造者並遊說盟國

美國國防部基於增加國家安全資產和任務風險，應提倡調整貿易政策，處罰在供應鏈中製造弱點者，也就是杜絕因供應鏈而危及國家安全。

所謂被連累的供應鏈問題，係經由具有敵意的主導

者，為破壞國防部的運作，在網路和系統中隱藏弱點，因而對國家安全帶來嚴重威脅。這樣的弱點擴散，將逐漸形成對攻擊者有利、對防禦者不利的不穩定環境，甚至將鼓勵對手在衝突中採用攻擊策略。

為防制這類威脅，美國國防部應提倡透過關稅，獎勵優質安全／編碼、懲罰弱點製造者的貿易政策，並遊說五眼盟國和其他友邦，採行相同之貿易政策。

五眼聯盟是第二次世界大戰後，為分享情報而組成的五國聯盟。二戰期間美國和英國在國防軍事情報方面建立堅強又密切的合作關係，對盟軍作戰有重大貢獻，戰後英、美兩國延續合作，1948年加拿大加入，1956年澳大利亞和紐西蘭加入。

前述三項建議，都有兩個相同的前提：

第一，假設美國正在推動的5G頻譜是高頻段毫米波，其物理傳播特性和成本費用之限制，不能夠在美國大規模部署，而小於6GHz的中頻段（3GHz至4GHz）則是未來幾年涵蓋大區域的全球標準。

第二，假設目前的美國電信公司財務狀態可能無法支撐全面部署毫米波網路所需的資本支出，即使是有限度的基礎設施布建亦同。

亡羊補牢，全面反撲

「當全球其他地區都以中頻段部署5G網路，美國卻

專注在高頻譜，」美國聯邦通訊委員會民主黨籍委員羅森沃賽（Jessica Rosenworcel）認為，「很可能導致美國在5G競賽中因此落後。」

那麼，為什麼美國聯邦通訊委員會優先拍賣高頻段5G頻譜，而把中頻段當作未來目標？對此，美國聯邦通訊委員會的說法是，中頻段目前多為國防部專用，必須由國防部同意挪出部分頻段才可轉為商用。

不過，就美國國防部分析報告所提出的第一項建議來看，對於開放中頻段供5G商用的必要性，在美國政府高層似已形成共識，而美國聯邦通訊委員會也順勢配合，開放2.5GHz頻段，並分成一組100MHz頻寬及一組16.5MHz頻寬進行拍賣。

2.5GHz頻段本來用於教育電視廣播，但美國聯邦通訊委員會在2019年7月10日重新檢討其使用情形後決議，指配前述兩組2.5GHz頻段供5G使用。

顯然，在5G領域全力反撲，已經是美國川普政府的重點項目。

第五部

第 5 次革命

5G 時代來臨，
網路傳輸速度變快，
科技發展帶來經濟活動改變的速度也變快。
在加速的年代，
如何找到自己的出路？

1. 平台經濟正夯

2019年1月13日，FXSSI.com在報導中揭露全球最有價值的公司前十名：亞馬遜、微軟、Alphabet、蘋果、波克夏哈薩威（Berkshire Hethaway）、臉書、騰訊、阿里巴巴、嬌生公司（Johnson & Johnson）、摩根大通（JPMorgan Chase）。

在這些公司中，前四大企業都是平台經濟的佼佼者，另外也還有三家屬於平台業者。

然而，平台業者發展得風風火火，5G卻才開始在少數城市布建商用。從這個角度看，似乎沒有5G，平台經濟也可以發光發熱，多了5G，也不過是錦上添花？

倘若如此，是否5G，甚至整個電信事業，更需要依賴平台，才能找到出路？

平台經濟的成功案例

《貝佐斯傳：從電商之王到物聯網中樞，亞馬遜成

功的關鍵》（*The Everything Store: Jeff Bezos and the Age of Amazon*）中，有這麼一段話：「每家科技公司都有這樣的野心，希望公司的價值遠遠超過各組成部門的總和，而訣竅就是，想辦法提供一套工具，讓其他公司也能用以拉攏顧客。用科技術語來說，就是建立一個平台。」

蘋果的賈伯斯、微軟的比爾‧蓋茲、亞馬遜的貝佐斯，這三大企業的創辦人與他們的團隊，均以堅強的意志，推動產業改變、創造價值，為以平台為核心的數位經濟發展，樹立標竿。

案例1：蘋果公司

蘋果從個人電腦軟、硬體整合，強調客戶體驗與品味一手包辦的經營模式，繼iMac之後，開創iTunes、iTunes Store和App Store等平台，並且搭配iPod、iPhone、iPad和iCloud等一系列產品與服務，成績斐然，樹立典範。

案例2：微軟公司

微軟走過軟體霸主WinTel時代後，近五年來策略轉型，全力衝刺2010年推出的雲端運算平台Azure業務，2018年營收98億美元，他們尤其擅長企業客戶市場（B2B），成功轉型。

案例3：亞馬遜.com

亞馬遜由電子商務起家，為了解決快速成長的業務

量，必須提高物流中心出貨效率，在一系列作業流程與資訊系統改善過程中，走上平台之路。

2002年1月，亞馬遜的季度財報首次出現淨利。這時，貝佐斯出版界的朋友建議，「應該開發一系列API（application programming interface，應用程式介面），讓第三方得以從網路取得其商品的資料、價格和銷售排行……，做為其他網站發展的基礎。」

之後，貝佐斯順勢大力推動起亞馬遜的網路服務（Amazon Web Services, AWS）。

2006年3月，AWS的兩項基本業務：彈性計算雲（EC2）和簡易儲存服務（S3），甫推出便一炮而紅，開啟雲端服務的新時代，2018年營收達257億美元，占亞馬遜當年營收的11％，略遜於致力經營企業雲端業務的微軟Azure之營收267億美元。

亞馬遜從網站先變成平台，再推出網路市集，成為小型網路商家可以利用的平台。

啟動典範轉移

事實上，我們今天所談的平台，不只是平台；「平台」已經擴大範圍，包含圍繞在四周的生態系統成員，如：物聯網、大數據分析、機器學習，以及人工智慧等，而成功的關鍵在其商業模式。

在這種情況下，5G的到來，電信業者一則以喜、一

則以憂。喜的是，新技術帶來新機會；憂的是，它帶來的衝擊。

以5G為核心的事業將不再只是單純的電信服務，而是互利互助、多元業者協同合作，形成生態系統。電信公司尤其要從經營笨水管，翻轉成為驅動協同合作的平台經營者。

電信業者不只要建設5G網路，更應該大幅度調整事業經營方針，擴大事業範疇，收納5G對電信的典範轉移與影響。

萬物聯網的趨勢已經形成，網路連接的終端不再只是電話機或手機，而是各種物件。

客戶群數量變大了，本質也不一樣了。面對客戶時，請收起種種僵化的程序規範，轉化成為可供客戶或開發者使用的服務和API，讓他們點石成金，創造更大的價值。

改造資訊技術架構

雲端運算虛擬化概念的推廣應用，衝擊電信系統的架構設計；網路功能虛擬化、軟體定義網路和網路切片應運而生，帶來更豐富的服務機會……

這些異動同時也在宣告，網路元件不再由專屬硬體加專用軟體組成，更有競爭力的新產品必然取而代之。

隨著5G技術產品日趨成熟，應用日益普及而加強、

加大，所帶動的轉型變化，甚至顛覆傳統的電信事業。

對於必然來到的5G時代，通訊業者要如何因應？哪些機會必須掌握？

以推動數位轉型為宗旨的電信管理論壇（TeleManagement Forum, TM Forum）發現，平台，在這波浪潮中扮演極為關鍵的角色。

醞釀平台策略

平台策略有兩個關鍵元素：

首先是商業模式，即在電信業者、消費者、產品或服務提供者的商場之間建立連接，讓交易更容易，例如：Airbnb、亞馬遜市集、eBay、Uber。

另一個重點是，以平台為基礎的技術架構，用來支持電子商場並落實數位商業模式，例如：亞馬遜的AWS和微軟的Azure。

很多平台業者一開始就鎖定平台商業模式，他們所規劃設計、建置的基礎設施，就是支持這樣的商業模式，而其他業者，則必須妥善利用既有基礎設施，來改變他們的商業模式。

這樣的演變可能做到嗎？答案是可能的 —— 亞馬遜本來是賣紙本書的電子商務業者，而蘋果和微軟都是以個人電腦起家的。不過，有人認為，這樣定義平台太狹隘，還可以更擴大：

平台策略是轉型為數位服務提供者的一系列組織原則和能力，因為如此之平台，用於為專業領域及橫跨他們之間的流程建立模型，它是一個通用的應用層，用來設計和執行高度動態、高性能、可擴展和可復原的服務。

定義平台為「通用的應用層」，可以廣泛用來為任何專業領域建立模型。通訊業者可以用這個方法讓業務轉型，包含從業務流程到各種作業和商業支援系統（OSS/BSS），乃至於網路本身。

問題是，怎麼做？

與第三方開發者密切合作

在平台商業模式中，數位生態系統中的產品或服務提供者，扮演相當重要的角色。他們是開發應用者，以平台所提供的API為工具，簡稱為第三方開發者。

援引《貝佐斯傳》中的概念，筆者演繹改寫如下：

如果通訊業者想要刺激第三方開發者的創意，就不該去猜他們可能想要什麼樣的服務，因為這種猜測只是根據過去的模式。

反之，通訊業者應該創造「基本體」，也就是有運算力的模組，然後閃到一邊，讓第三方開發者大顯身手。

換言之，通訊業者該把公司提供的網路架構服務，變成最

小、最簡單的單位，像原子一樣，讓第三方開發者自由靈活運用。

這正是亞馬遜從《創造》（*Creation: Life and How to Make It*）學到的寶貴洞見，並且立即付諸實施。

彈性計算雲（EC2）和簡易儲存服務（S3），就是AWS這個平台提供給開發者的兩個基本體。貝佐斯說：

開發者是鍊金師，我們能做的，就是提供他們需要的東西，讓他們點石成金。

世界經濟論壇（World Economic Forum, WEF）預測，未來十年，這個市場價值將達6,500億美元。

電信管理論壇執行長魏烈特（Nik Willetts）建議，通訊業者應超越只提供連接（connectivity）的業務，成為平台或數位生態系統經理人，驅動垂直領域升級。

這個說法並不難理解，因為在平台經濟服務鏈中，通訊業者擁有豐富的客戶知識，可以轉化為創新思維與做法，自然成為新服務的經理人。

面對通訊產業的「中年危機」

「世界已經改變，這是我們改變心態的時機。這個產業，容我如此說，有『中年危機』，」魏烈特說：「我們

不再確定未來會是什麼，但我們知道它不再只是支配線性價值鏈，而是擁抱生態系統經濟和以平台為基礎的商業模式，藉共同創造與合作，發揮網路效應槓桿作用，驅動我們的快速成長，開創可觀的價值。」

通訊業者自己有具競爭力的雲端運算數據中心當然很好，否則就應尋找雲端運算合作夥伴，即使那個公司過去曾經是競爭對手。

也許市場規模不足以支撐每個通訊業者都有自己的商場，但至少要尋求與其他業者合作的機會，創造平台網路，通訊業者在上面提供諸如端到端保證品質、數據分析、安全，以及計費與帳務等服務。

以雲端運算為基石

雲端運算是通訊業者進入平台事業的墊腳石，而當通訊業者採行平台策略，可能提供的服務種類，包括：

類型1：基礎設施即服務（IaaS）

通訊業者允許客戶（通常為企業客戶）在雲端平台上部署應用，並由客戶管理和控制設施及應用。

類型2：平台即服務（PaaS）

通訊業者透過API為客戶（通常是開發者）開放網路和資訊系統，讓他們在雲端基礎設施上布建應用。如

此一來，客戶不能管理或控制底層基礎設施，但可以控制應用。

類型3：軟體即服務（SaaS）

通訊業者提供在雲端基礎設施上執行的應用給客戶。客戶不管理也不控制底層基礎設施或應用。

類型4：網路即服務（NaaS）

可以視為軟體即服務的一道分支，通訊業者把網路功能拿出來當作服務，例如：防火牆或交換器代管、內容遞送或依需頻寬；或者，通訊業者代管整體網路，就像虛擬行動網路業務（mobile virtual network operator, MVNO）。

類型5：數位生態系統／商場

通訊業者扮演經理人做為可信賴的中間人，連接物品或服務的生產者、提供者跟消費者（或其他平台）。關鍵在於提供無縫隙的使用者體驗，並為所有生態系統的合作夥伴創造獲利機會。

改變營運模式

隨著資通訊科技的進步、固網和行動寬頻網路的推動，很多通訊業者已經轉型為數位服務與平台提供者。

有些業者提供B2C商場給消費者，有些則提供企業客戶B2B服務。

案例1：O2 Drive推出保險服務

西班牙電信（Telefonica）的英國子公司O2，推出O2 Drive保險業務。

為了提供客戶更好的保險費率，O2結合客戶的電信年資與繳費紀錄，連同保險條款與駕駛行為（透過智慧型手機蒐集資料，必要時可在車內裝置感測器蒐集）進行分析。

O2 Drive這項業務是與英國保險業者BGL集團合作，但對客戶而言，面對的就是保險提供者O2，透過O2公司網站與英國的線上保險聯合網站銷售，而O2正是使用亞馬遜的AWS，做為平台基礎設施。

案例2：瑞士電信賣乳酪

瑞士電信（Swisscom）跟零售業者Coop合資，創辦一個名為Siroo的商場，同樣也是採用亞馬遜的AWS。

Siroo把130家在地的、區域性的、全國性的零售業者商品放到商場，幫助小賣家擴大消費族群，例如：在阿爾卑斯山的酪農，可以把乳酪產品直接賣給消費者。

案例3：伏德風開辦數位商場

伏德風（Vodafone）也鎖定為小企業開闢數位商場，

稱為 Vodafone Digital Marketplace，針對從休閒旅館到營建業等業別，提供套裝應用。

這項業務，係伏德風跟電子商務平台提供者 AppDirect 合作，從義大利開始提供服務，然後再擴展到其他國家。

數位轉型，智慧經營

伏德風前瞻平台與5G網路切片的整合，應用在無人機，希望開發運送物品即服務（deliver anything as a service）的業務，以及將無人機即服務（drone as a service）用在精準農業。

伏德風集團系統架構主任湯瑪士（Dr. Lester Thomas）表示：「選擇無人機，因為它是瘋狂的應用。如果我能展示5G網路切片成功應用於無人機，就有把握它可以用在別處，如：智慧電表、智慧城市和智慧健康。」

這個計畫的第一期團隊成員，包括：Centina Systems、華為、Infosis，以及 Invercloud，探討如何讓中小企業加入數位生態系統中、如何賺錢，以及如何協作網路，確保效率。

大陸的中國聯通上海分公司則是為強化經營體質、消弭跟客戶的距離，推動數位轉型計畫，為面對客戶的前台和後台OSS（營運支援系統）／BSS（業務支援系統）之間搭橋。

上海聯通副總經理沈可說：「距離，指的是很多各自獨立的服務與產品，以及前台和後台需要很多人力。

這就把我們跟客戶疏遠了，很難反映B2B客戶的需求。所以，我們需要建立一個中間平台，連接前台和後台，建置一個開放能力系統。」

所謂開放能力系統是一個開放的平台，使用者可透過API在平台上開發應用，而利用這個平台，上海聯通串連了22個內部系統，把200項能力整合為83個以情境為基礎的API，已有超過30家夥伴在平台註冊。

依沈可所言，這些API每個月使用超過4,000萬次，成長率每個月達20％。

上海聯通也在新的數位生態系統創造了兩個切入點：一個是B2B的智慧WO（中國聯通的品牌名稱）電子商務平台，另一個是供開發者使用的WO+開放平台，開發者在WO+開發的產品，可在智慧WO電子商務平台銷售。

不僅如此，透過這些切入點，上海聯通又推出WOoffice應用供企業客戶使用，並與上海銀行共同發行聯名信用卡，也推動智慧停車服務。

轉型升級的關鍵要素

5G、網路功能虛擬化、軟體定義網路、以雲端為基礎的平台商業模式，代表了通訊業者的最佳（也許是唯一的）前進方向。

不過，要成功，有幾項關鍵步驟。

步驟1：了解平台利益

建構通用的應用層，就可以為任何專業領域建立模型，意謂著通訊業者可以用這個平台對自己的業務進行轉型，把諸如OSS/BSS等自家本領，轉化為對外提供的服務。

步驟2：扮演驅動者

對通訊業者而言，採納平台策略是巨大的改變，需要跟客戶和夥伴們一起合作開發服務，並鼓勵試驗與從失敗中學習，而這需要有膽識的領導。

通訊公司一向習慣於包辦所有事項的整合型運作，並跟越網業者對戰。然而，這種心態必須改變，因為越網業者已存活下來，不會消失。未來，通訊業者不見得必須是價值鏈的先鋒，但要學會在別人的價值鏈中找到自己的位置，扮演驅動者的角色。

步驟3：承諾使用開放式API

在通訊業者推動網路、業務流程和OSS/BSS的轉型之後，下一步是機動地把這些能力，透過開放式API釋放給合作夥伴。

如果通訊業者尚未採取任何措施，電信管理聯盟建議，考慮採納該聯盟為數位服務所建立的Open API。而當通訊業者使用相同的API，有助於合作夥伴提供端到端

互連、互運、互通並保證品質。

縮短資訊落差

意向型網路可縮短企業與IT部門間的資訊落差，它能擷取業企業意向，如：應用程式服務等級、資安政策、合規性、營運程序和其他業務需求，並不斷使端對端網路與該意向密切配合。

基於意向的網路管理，是以使用者意向、分析和規則進行管理。經由結合基於意向的網路管理、採用共通資訊與數據模型，以及標準API，通訊業者將能跨越合作夥伴的邊界，自動化端到端的服務提供、配置和保證。

許多網路已無法跟上當今業務環境，具備三大優勢的意向型網路應運而生，包括：

優勢1：速度與靈活度

能夠快速回應組織需求，且幾乎不需要人力。

優勢2：企業價值

維護網路所需的時間與精力減少，轉而能夠提供更多真正有價值的IT創新方案。

優勢3：降低風險

改善網路可視性、分析與自動化作業，可更快速偵

測威脅並加以封鎖、持續保持合規性，縮短停機時間。

服務提供者從一開始就必須建立安全框架，包括：內部和外部安全功能與規則。其中，協作是關鍵，特別是遠端裝置的配置與升級。

此外，服務提供者也需要考慮如何落實端到端的生命週期管理，以及如何運用分析法則，偵測人或機器不尋常的行為樣態。

蒐集數位足跡

通訊業者真正的機會在創造平台網路，透過平台間的網路切片彼此連接，保證端到端的服務、提供數據分析，以及附加的計費與帳單服務的品質。

因此，通訊業者應該對外尋找數個生態系統合作夥伴，擴大數位足跡，開拓新的營收來源。

所謂數位足跡，是指我們在網路上所有活動或行為留下的痕跡，如：透過搜尋引擎查找過的關鍵字、在網路分享的照片、在臉書頁面上的留言等。而隨著科技演進，透過蒐集數位足跡，將可能建構出一份完整的個人資料。

電信管理論壇的合作社群與催化者計畫有很多具挑戰性的研究項目，例如：平台、物聯網如何賺錢，以及5G網路切片等。

在此之中，電信管理論壇催化者扮演加速器的角

色，並解決具體的業務和技術挑戰，增強參與公司的研發工作。參與的公司針對計畫密切合作三至六個月，之後在聯盟活動中展示實體成果。

為未來設計的網路

對行動通訊業者而言，5G提供令人興奮的前景，但其中仍有許多挑戰，包括：如何管理混雜的工作量、如何為辦妥遠端需要的分析而增加邊緣運算的計算能量，以及如何讓標準組織和開源群組，為5G端到端的管理通力合作。

但最重要的是，通訊業者應盡早進行5G試用，並與合作夥伴一起解決問題。

透過結合平台、物聯網和5G，通訊業者有機會在提供連接之外，進一步成為生態系統經理人，做到智慧城市、車聯網、工業互聯網，以至於其他更多行業的轉型升級。

2. 是電信公司，也是平台公司

　　大象會不會跳舞？又或者，如何讓大象跳舞？

　　全球電信龍頭AT&T面臨事業經營的巨大挑戰，轉型危機迫在眼前。然而，一個擁有百年歷史的企業，想要轉型談何容易？

　　經過幾番深入檢討，AT&T提出技術轉型策略，從雲端運算開始，建構平台、運用大數據分析，並強化人力素質，以期脫胎換骨，從一家電信公司轉型成為科技公司。

以人為本，找出解決問題的方法

　　為落實技術轉型策略，AT&T定義未來的任務：

　　串聯人們與他們的生活、工作和娛樂，並且比其他人做得更好。

　　策略既定，便要思考達成任務的執行重點，例如：公司必須提供最佳客戶體驗、在連線和整合解決方案領

先、為客戶提供全球性服務、以行業領先的最有效率的成本結構運作，以及培訓員工。

對此，AT&T指定技術與營運部門和資訊技術部門負責驅動，並交付對公司成功至關重要的能力，而這些能力也正是AT&T技術轉型的關鍵項目。

確認問題，定義改革項目

AT&T的技術與營運部門和資訊技術部門面對的，是落實業務需求的嚴厲挑戰。

挑戰1：數據量超速成長

摩爾定律帶來的網路容量及功能表現，無法滿足超快速成長的數據量。

挑戰2：費用支出與供需落差

為因應成長與對應技術，轉向全IP世界開發新產品，導致費用支出快速增加，且服務提供與產品開發週期無法跟上客戶與市場需求。

挑戰3：歷史包袱過重

公司背負一系列因併購帶來的固有系統，且公司組織由為提供傳統網路服務的部門組成，各自為政，溝通協調不易。

影響所及，員工技能也必須翻新，以便在由IP和軟體驅動的世界裡，具有競爭力。

快速應變，發展關鍵能力

簡言之，AT&T必須改變工作方式，找出能夠在全IP世界中競爭的技術和組織轉型的方向，用最快速度達成目標，同時改善服務與客戶體驗。

要能做到，必須具備六大關鍵技術能力：

能力1：應用程序合理化

簡化流程，是各個公司成功的關鍵。

在AT&T長達140年的歷史中，該公司經常監測、分析、汰舊換新各種系統、找出並檢討最佳實務法則……，這些做法，不只針對應用的功能性，也涵蓋整個AT&T目標架構。而自2017年以來，AT&T已將應用程序組合減少了55%，並因此減少7億美元的費用。

能力2：做為IT和網路基礎的整合雲

跟應用程序合理化同步並行的是，AT&T積極把選定的企業客戶應用和網路應用移轉到雲端，包括：建立AT&T整合雲（AT&T Integrated Cloud, AIC）的單一整合雲，收容資訊部門的應用和AT&T軟體定義網路的功能。

AT&T將未來五年內不會淘汰的應用移轉到其整合

雲，供內部和外部客戶使用；剩下的應用組合也移植到雲端，增進硬體之使用並降低維護、電力和其他營運費用。截至2015年年底，AT&T移轉了64％的選定應用到雲端。

把資訊應用從專屬系統，移轉到雲端基礎設施，降低了超過50％的計算核心單元，提升了資訊資產使用效率。由於利用開放源技術，人工數據中心營運自動化，開發者可以重複使用，進而降低成本結構。

能力3：為未來建立平台

AT&T正處於軟體轉型之際，包括：透過API，創建可以取用網路和應用功能的平台；應用新的安全技術，使這些平台在其整合雲中更安全可靠。

當消費者把笨重的立體音響，換成智慧型手機中的串流音樂應用程式，AT&T的工作就是，把路由器、防火牆和其他網路設備功能虛擬化，在由商品化硬體組成的整合雲裡運作。

把硬體和軟體分開，AT&T可以在平台快速改變，也可以經由數位入口為客戶提供即時管理服務，如：應需管理上網服務（Managed Internet Service On Demand）頻寬調整。

2014年，AT&T宣布，採行軟體定義網路策略，預計於2020年達成75％網路虛擬化。截至2018年年底，已完成65.5％；2015年，AT&T的API平台承接每個月超過

210億次的呼叫，而API也將在下一代網際網路成為支援各項功能的框架。

資通安全在這種新平台與軟體化環境中至為重要，AT&T採取嚴密的安全措施，從身分識別、出入口管理，到各種資產在雲端的安全防護、威脅分析，甚至預測威脅，做好防護措施。

公司內部如此，相同的服務也提供給客戶。

能力4：建立無縫隙與可預測的客戶體驗

AT&T大膽設定2020年目標：提供客戶零負擔的數位體驗。啟動「數位第一」的策略，從客戶個人化和輕鬆的數位體驗做起，期望2020年有80％的客戶，經由數位通路跟公司互動。

這也是客戶對AT&T的期待。

研究發現，76％的AT&T後付行動客戶表示，比較喜歡利用數位通路，尤其是行動通信。而AT&T在擴大並深化數位能力也頗有斬獲，2015年已有76.3％的客戶使用數位通路。

此外，AT&T利用大數據分析和建立工具與能力，加強對客戶的認識，強化個人化數位體驗。

能力5：採用大數據與成為數據驅動之事業

AT&T利用大數據加強對企業客戶的深入了解，從以系統為中心的文化，變為以數據驅動的文化。為此，

需要對平台、隱私、法規遵循、工具、規模、設計，以及數據可用性等技術和安全展開全新思考。

AT&T採取模組化數據中心設計原則，簡化建設工作，而其自主開發的數據路由器，以及提供近乎即時的數據訊息路由器，有助於鼓勵數據重複使用。

能力6：採用不同編組與為未來建立工作隊伍

為確保未來技術轉型成功，AT&T不只要有適當的組織結構，更要為工作團隊準備好所需技能。

既然未來將進入以軟體為中心的網路時代，目前存在的資訊和網路部門應予重整。

兩組人員依工作性質重新編組。

例如：從事資訊技術和網路架構的團隊，編組在單一的「規劃」功能；從事資訊技術和網路軟體開發者，編入「建置」功能；從事數據中心資訊技術和網路硬體者，編入「運轉」功能。

此外，包含主管在內，均需重新培訓。

組織人才大翻修

機構知識和員工經驗是成功的關鍵，AT&T旗下員工的專業屬性，必須從硬體技術，轉變為軟體技術；從有線分時多工技術（time division multiplexing, TDM），轉變成網路規約（IP）和雲端技術；從數據提報者，轉

為數據分析師和科學家。

為此，AT&T推動一系列教育訓練課程，每年投資達2億8,000萬美元。

AT&T體認全IP時代的來臨，網際網路替代傳統電信已成定局，必須讓公司及時轉型，建立以雲端運算為根基的平台，包括：用軟體重建網路、使用API平台轉變業務，以及構建並保護雲端生態系統之安全。

世界龍頭華麗轉身

AT&T在2003年至2008年間經過一系列的併購，一度擁有超過6,000種應用，為了提升經營效率，該公司提出轉型成以軟體為基礎的公司（a software-based company），並轉變成為平台公司（a platform company）。

平台，提供了一組獨特的資產，來執行設計、開發、託管和作業功能，而開發API平台就成為必要重點工程。幾年時間過去，AT&T發展出業界最優、功能豐富且具擴充性的API平台，支援各種業務需求，成為敏捷的公司。

AT&T技術轉型白皮書資料顯示，該公司的API平台在2011年的使用量達到約570億次，服務232個客戶。

這個數字持續上升，到了2016年年中，使用量成長150％，達每年約1,410億次，服務585個客戶。

接受這項服務的對象，包括：內部單位，如：

行銷、訂購、服務提供、服務保證、帳務、雲端與軟體定義網路應用等；外部單位，如：零售業的沃爾瑪（Walmart）、蘋果、百思買（Best Buy）、聯網車製造廠，以及第三方應用開發者。

AT&T的目標是，至2020年，每年API使用量將超過一兆次。

API平台為AT&T帶來的效益，是藉基礎設施的重複使用，降低費用和快速交付業務功能。

重複使用API，為AT&T企業客戶節約70％～ 80％的開發費用；即使只是修改後使用API，或創造一個新的API，諸如紀錄存檔和安全等共通功能仍可重複使用，也可節省25％～ 45％的開發費用。

API平台是AT&T邁向軟體和平台公司的驅動力，AT&T的客戶、產品、服務營運部門和內部團隊，都將因API平台得到顯著的週期縮短、費用降低的效益，業務敏捷能力也將大幅提升。

3. 改造國稅平台

　　2014年1月16日，當時的行政院院長江宜樺在行政院院會聽取財政部《賦稅資訊系統整合再造計畫成果》報告後，肯定該部近年來持續推動納稅e化服務，提供民眾優質納稅服務，節省徵納成本。

　　江宜樺舉例說明，2013年綜合所得稅網路申報及稅額試算使用率達86.6％，其中稅額試算服務節省徵納雙方成本約新台幣11億3,000萬元；扣除額單據電子化利用率達87.8％，節省社會成本約1億5,000萬元。

　　至於2014年施行的扣繳憑單免填發作業，估計可節省紙張6,400萬張，憑單填發單位則可節省總成本約1億9,000萬元。

｜策略規劃：系統整合，以納稅人為中心｜

　　財政部「賦稅資訊系統整合再造計畫」中的國稅建置委外服務案，由中華電信得標承辦建置，是轉型升

級、資通訊技術與營運技術深度融合的典範。

這項業務，是以納稅人為中心的整合平台，由財政部設定主軸，包括：一個稅籍、兩個導向、三個整合、四個提升，而中華電信運用長期開發事業經營所需的資訊系統，完成任務。

一個稅籍，平時跟這個納稅人有關的賦稅資料都匯集（籍）在此。

兩個導向，是顧客導向和風險導向。

三個整合，是資料整合、流程整合、技術整合。

四個提升，即作業效率提升、納稅滿意度提升、納稅依從度（納稅人對稅法的遵從程度）提升、國家整體稅收提升。

中華電信在本案所運用到的系統經驗有：客戶訂單處理系統、各種業務的帳務處理系統、客服中心資訊系統、網路維運所需各種資訊系統，以及協助政府建立公開金鑰基礎設施，包括：自然人憑證和工商管理憑證等系統。

策略分析：流程再造，九稅合一發揮綜效

就納稅人而言，國稅建置案以納稅義務人為導向，進行主檔管理、財產歸戶、退稅歸戶，提升納稅依從度；以資料隱碼、加簽加密功能，強化個資保護；改善稽徵作業流程，強化便民服務；以空櫃、臨櫃、網櫃三

櫃結合之全方位服務，提升納稅人滿意度。

對稅務機關而言，國稅建置案以知識管理傳承稅務知識，縮短人員異動過渡期；以資訊服務管理機制，降低系統維運成本；以資安監控稽核制度，確保資料安全；以整合平台、智慧功能、優質介面、即時資訊，提升稅務作業整體效率；以雲端運算技術，實現無所不在的資通訊應用。

對國家稅政而言，國稅建置案整合稅務機關資訊，邁向電子化政府；以多維分析技術協助主管決策，制定良善稅制；以資料統計技術提高稅收預測的正確性，增加政府財政收入；以資料探勘技術輔助審查作業，提升審查品質，維護社會公義。

過去，國稅系統採分散式規劃設計，具有整合不易、擴充困難、維護成本高等缺點，而經由國稅建置案資訊整合與流程再造後，新系統採九稅合一之整合式規劃設計，大幅降低人力及成本，並提高服務系統綜效。

策略執行：資訊創新，打造賦稅平台

依據《賦稅資訊再造之推動情形與成效》報告所陳述的計畫執行成果與效益，中華電信建置團隊綜合整理並合理量化，歸納出國稅建置案執行的六大具體效益。

效益1：一站式服務。整合三百多項跨機關資訊、139個稅務系統，節省內部處理成本23億7,800萬元。

效益2：**節省機房用電量**。建置綠能雲端機房；將原主機移至雲端機房，節省機房用電量40％。

效益3：**協助主管決策**。導入審查知識化與系統化，節省內部審查費用6億6,600萬元，並建構稅收預測分析系統。

效益4：**整合業務及提升效能**。集中新舊欠稅資訊，導入自動化稽徵作業，節省稽徵徵收費用1億1,000萬元。

效益5：**平台集中維運整合**。整合稅務申辦、查調案件服務管道，減少櫃台作業比率約20％；透過稅務軟／硬體、OA資源，以及服務管理集中化，節省機器作業與維護人力費用共7億元。

效益6：**強化資訊安全**。引進自動稽核機制，確保資訊安全，避免因個人資料外洩導致的賠償金額15億4,000萬元。

國稅建置案於2012年10月22日完成，並全面交付使用。

財政部指出，賦稅資訊系統整合再造計畫，透過賦稅資訊平台的變革，融入許多資訊創新元素，已展現初步成效，包括：節能省電、網路報稅、多元繳稅、單據扣除額電子化、稅額試算服務，以及扣免繳憑單免填發等。未來會更戮力於政府跨機關資料交換與整合，持續提供民眾更優質的服務。

4. 生活中的物聯網

物聯網並非冰冷的技術，而是改變的機會。結合各項先進科技，舉凡生活中的食、衣、住、行、育、樂，都可以看見它的影響力。

互動對話，學習變得更有趣

交通大學台聯大系統副校長林一平在2014年擔任科技部政務次長時，接到一項新任務 —— 負責督導科技部的科學教育計畫，包括：推動高瞻計畫、提升高中科學教育水準。

曾任交通大學資訊學院院長、具備資通訊專長的林一平，看到物聯網技術在科學教育上應用的潛力，於是和台灣大學物理系教授石明豐及交通大學「行動通訊網路」實驗室研究員林勻蔚合作，設計出一套管理物聯網裝置的系統，可以自動連接物聯網裝置，並協助使用者撰寫網路應用程式。

這個系統名為IoTtalk，意思是所有物聯網裝置（IoT device）都能對話，並且可與其他相關計畫整合，例如：教育平台EduTalk。

2015年，IoTtalk團隊指導建國中學使用EduTalk，將電腦程式教學融入物理課教學，並延伸到物聯網、大數據學習。以此為基礎，建國中學及板橋高中老師編入正式的電腦程式教學課程，當作科學展覽平台，並與台灣蝙蝠學會合作，將IoTtalk布建在新竹市六燃煙囪，觀察保育類蝙蝠。

感應模擬，你在賞畫畫成詩

2018年，IoTalk應用跨上國際。

林一平與交大應用藝術所教授賴淑雯指導學生蕭中芸等人，製作〈雲起時〉（When the Cloud Rising）互動藝術作品，參加互動藝術界著名的日本「亞洲數位藝術大賞」（Asia Digital Art Award FUKUOKA），獲得Finalists' Award獎項。

〈雲起時〉結合影像設計、書法作品與物聯網技術，畫框內的作品會依當下天氣資料，演算出符合當下情境的筆墨線條，一旦有人走近畫框，作品便會模擬書法運筆與氣韻，書寫出符合當下天氣與氛圍的書法詩句，畫面背景物件呈現還會依現場觀眾人數變化。

這項應用，稱為FrameTalk，它讓人們看見，物聯網

已經走出實驗室，融入人群，並擺脫冰冷科技氛圍，增加更多人文情懷。

雲端運算，醫病協力顧健康

結合人工智慧、大數據等科技的物聯網，不僅與產業界有關，也關乎一般人的日常醫療照護，產業風貌為之丕變。

過去，物聯網的應用服務，大多由各系統自行接取專用設備，開發客製化專屬服務，當要開發新的物聯網應用，往往需要重新投入人力，費時費工。

現在，中華電信開發「中華電信AIoT智慧聯網大平台」，採用開放協定及API平台，提供包含雲端資源管理、網路連線管理、裝置連網管理，以及應用服務開發

表1：中華電信推廣物聯網的健康照護應用

適用對象	用途
一般民眾	• 自主健康管理 • 親友關懷分享
社區醫療群等照護機構	• 遠距、居家、社區、機構照護 • 長期照護
企業員工	• 職場健康管理 • 健康促進

資料來源：中華電信

工具，協助不同領域應用服務開發並縮短時程，加速產業創新。

創新1：以個人為中心，完善社區醫療與長照

過去，民眾的健康照護紀錄散落在醫院、診所、機構或業者等處，如：電子病歷（electronic medical record, EMR）、機構照護紀錄（electronic health record, EHR），以及個人健康紀錄（personal health record, PHR）等。

現在，中華電信推出「中華健康雲」，以個人為中心蒐集散落各地的健康照護紀錄，加以標準化並歸戶。

用戶的各種健康紀錄，可上傳至個人專屬帳戶，透過一雲多屏（MOD、行動設備、網頁）介面，隨時掌握個人健康趨勢與變化；此外，社區醫療群等專業醫護人員也可以透過這些資料，快速掌握被照護者的個人健康情況，做出適當與正確判斷，提升照護服務品質。

如此一來，便可結合醫療資訊服務業者、健康監測設備業者等資源，提供安全儲存與跨機構分享交換，串聯產業生態鏈，配合政府長照政策推動，協助社區醫療群等照護機構做資料整合應用，共同照顧民眾健康，延緩疾病惡化。

創新2：多元技術整合，保障隱私與安全

AIoT還可搭配區塊鏈技術運用，強化資料的隱私保護與安全。

透過AIoT平台的硬體保密器（hardware security module, HSM）提供高強固、高效能、可信賴的資料保護力，協助健康雲進行金鑰管理、資料去識別化，以及加／解密處理。

再加上，平台上的區塊鏈透過分布式帳簿技術去中心化、不可篡改等特性，結合智慧合約，提供資料存取

表2：健康資訊雲端化，帶動個人化精準醫療

重點項目	內容特色
符合相關法規	符合國際HL7 CDA/CCD、Green CDA等國際醫療資訊文件架構標準及國內電子病歷、電子健康照護紀錄摘要及個資法相關規範。
保障資料安全	採用符合美國FIPS 140-2 L3標準之硬體保密器進行資料加／解密，並利用區塊鏈技術，進行資料存取與授權紀錄等之存證，確保資料正確、完整與安全。
保留健康紀錄	可同時收納民眾就醫之病歷紀錄（EMR）、機構照護之照護紀錄（HER）及自行蒐集之日常量測紀錄（PHR）等不同屬性健康紀錄，並整合健保署健康存摺資料。
掌握健康趨勢	提供一雲多屏的友善操作介面，用戶可以透過網頁、行動裝置、MOD，隨時掌握個人健康趨勢與變化。
分享健康資訊	可透過授權／分享機制，將個人健康資訊分享給親友及專業照護機構，方便與家人互動、互相關懷並協助專業照護機構提供準確診斷。
建立正確觀念	可透過衛教查／諮詢機制，獲得並學習正確的衛教觀念與健康知識。

資料來源：中華電信

與授權的存證。

健康資料掌握在用戶手中，更可確保資料的可信賴性與完整性。

最後，在物聯網架構中，透過平台上的大資料儲存與MQTT（Message Queuing Telemetry Transport）協議，自動將用戶上傳的健康資料同步到健康雲，強化大量資料的自動化存儲與傳輸效率。

巨量分析，一手掌握交通資訊

日常生活中的物聯網運用，還有交通路況。

為提升交通資訊品質，中華電信投入交通資訊探偵分析技術研發，透過AIoT平台的大數據分析、人工智慧等模組，研發「交通路況雲」（表3），可預測交通路況，或進行電信大數據交通分析。

以交通路況預測為例，系統可定期自動篩選出準確性較差之路段，分析路況特徵對預測結果的影響並加以調整，使預測模型更為精準。

系統分析所需要的資料蒐集，方式多元、功能各異，可以交叉運用。

譬如，手機網路信令探偵車透過手機信令資料蒐集路況資訊，優點是覆蓋率高，缺點則是資料量大，定位解析度相對不如GPS。

然而，結合大數據分析，可即時處理數千萬筆信令

表3：AIoT讓交通、旅遊更便捷

服務項目	重點內容
即時路況資訊	• **融合多元交通資訊**，如： 　· 車輛偵測器（vehicle detector, VD）。 　· GPS探偵車（GPS-based vehicle probe, GVP）。 　· 手機網路信令探偵車（cellular-based vehicle probe, CVP）。 　· ETC探偵車（electronic toll collection-based vehicle probe, EVP）。 • **提供高覆蓋率的即時路況資訊**，以滿足全台用路人、公部門及交通相關業者之交通資訊需求，如： 　· 即時路段時速。 　· 旅行時間。 　· 壅塞告警。
旅行時間預測	以巨量資料分析與人工智慧技術，產生未來幾天內的旅行時間預測。
歷史分析	使用歷史交通大數據，進行旅次起迄點、車流量、車輛重現率等交通統計分析，結果可提供交控、交管單位使用。

資料來源：中華電信

產生的路況資訊，再加上人工智慧深度學習技術，自大量手機信令資料中萃取汽車用戶資料，便可更有效判斷用戶所在道路及移動軌跡，克服定位解析度較低的挑戰。

這項應用，目前已開發成「路況快易通」App供民眾使用，至2019年6月，已有超過44萬人次下載。

這項功能不僅一般民眾適用，政府部門也能運用。例如：目前已可提供即時與預測之路況資訊給公路總

局、新北市交通局、基隆市政府、嘉義市政府,以及高公局等單位,協助公部門改善交通路況。

生物科技,帶動精準農業

過去,從事農業只能靠天吃飯;後來,先民運用經驗與智慧,克服了一些先天限制,讓農作物擁有更良好的生長環境,農人也有更豐碩的收穫。如今,物聯網更進一步,讓農業與農民生活的改善更上層樓。

利用IoTtalk發展農業的應用,稱為AgriTalk。

應用1:蒐集環境資訊

2016年,交通大學生物科技系暨研究所教授陳文亮獲得麻省理工學院(MIT)舉辦的國際基因工程生物競賽(International Genetically Engineered Machine, iGEM)三項大獎,是當時的最大贏家,也是這項競賽第一次跨領域使用物聯網技術。

AgriTalk運用物聯網、人工智慧、大數據分析和生物科技技術,以感測器蒐集農地環境數據,如:害蟲數量、土壤導電度、溫濕度和紫外線等,精準調控蟲害、病害、土壤肥力、水分、光照、溫度等農業常見問題。

此外,還可透過手機即時掌握農作物生長狀況並加以改善,例如:土壤肥料不足時,開啟驅蟲照明燈或施用有機液肥等。

在苗栗南庄，已規劃一甲土地種植薑黃，並打破原本種一年休三年的模式，每年耕種。

依據《聯合報》報導，交大團隊預計成立新創公司「農譯科技」，將這項技術商業化並進軍國際市場，第一支產品「博士種的」品牌紅薑黃粉，薑黃素含量約為一般市售薑黃粉的3至5倍。

應用2：革新灌溉方式

AgriTalk也運用在新竹五峰及寶山等地，開闢智慧農場，以物聯網結合以色列滴灌技術，進行精準農業。

以往，智慧農業設施的維護成本太高，導致普及不易，而林一平利用AgriTalk開闢智慧農場，不僅得以永續經營，也帶動糧食生產模式的改變。

人工智慧，防制病蟲害

AgriTalk還能結合人工智慧，進一步解決偵測稻熱病問題——台灣最普遍的農業病害之一。

過去，稻熱病皆採用影像技術來精準偵測，但那只能偵測已發生的稻熱病，為時已晚。

現在，AgriTalk的人工智慧技術，採用非影像的氣象感測器，再加上獨特的孢子萌芽（spore germination）模型，預測精準度可達89.4％，是已知非影像預測的最佳紀錄。

表4：尖端科技結合傳統農業，改變糧食生產模式

特色	說明
維護容易	農夫在維護AgriTalk物聯網設備，如換燈泡般容易。
自動校正	在特定時間高頻率回傳資訊，感測器可自我校正。
高速回傳	• 每15秒回傳一筆資料。 • 若有特殊需求，也可提高資訊回傳頻率，做為感測器自動校正與人工智慧分析的參考。

資料來源：交通大學台聯大系統副校長林一平

　　佳績在前，林一平獲亞美尼亞總理邀請，前往該國推廣AgriTalk，並與其經濟部部長討論，決定指派亞美尼亞國家農業大學（Armenian National Agrarian University）送學生到交大學習，雙方已簽署備忘錄（MoU）。

　　此外，AgriTalk還在2019年美國消費性電子展（CES）引起熱烈反應，同時參加美國矽谷的創投（Silicon Valley Forum）評選，在44隊中脫穎而出，獲選第一名。

智慧讀表，節能減碳

　　隨著全球性氣候危機，夏季氣溫升高，電力需求不斷成長。

　　為確保電力得以穩定供應，同時能夠節能減碳，政府積極推動低壓智慧型先進電表基礎建設（advanced metering infrastructure, AMI），搭配時間電價、需量反應

等措施，加強需求面的管理，有效抑低尖峰用電、節約能源。

依照台灣電力公司的規劃，自2017年起，啟動20萬戶建置智慧電表，至2024年達到300萬戶之規模。

對此，中華電信研發先進電表基礎建設通訊解決方案，包括：HES（Head-End Server，讀表頭端系統）與NB-IoT FAN（Narrow Band IoT Field Area Network，窄頻物聯網場域網路）模組。

先進電表基礎建設的HES系統建構於中華電信物聯網平台上，具有NoSQL大資料儲存、海量連線管理（CMP），以及異地備援設計等特性〔表5〕。

NB-IoT FAN模組則是HES開發的先進電表基礎建

表5：智慧電網結合物聯網，電力系統更靈活

系統架構	重要模組與功能
CMP連線管理	AIoT提供的標準模組，透過CMP模組掌握無線通訊（如：4G、NB-IoT、LTE-M）信號品質及告警事件，利於快速排除障礙。
NoSQL資料儲存	傳統關聯式資料庫的資料處理能力會隨著資料量增大而下降，透過NoSQL資料庫則可滿足先進電表基礎建設布建百萬等級之電表資料納管需求。
彈性拓展機制	採無特定狀態（stateless）設計，當偵測到電表連線數或系統資源即將達到上限時，AIoT平台自動動態配置所需資源，並啟動新服務模組分擔工作。

資料來源：中華電信

設讀表模組，可透過AIoT平台達到動態拓展。截至2018年，全台已裝設數千具NB-IoT智慧電表。

　　諸如此類的應用，未來只會更加多元。物聯網不只讓人類生活走向智慧化，而它所帶動的數位轉型，也將翻轉現有商業模式。

5. 以數位紅利帶動數位升級

　　行政院已經核定台灣的5G行動方案，所設定的願景是：「以5G領頭，觸發跨界融合，以虛實並進塑造產業新貌。」

　　針對願景、又設立總體目標：「打造智慧醫療、智慧製造、智慧交通等5G應用國際標竿場域，以5G企業網路深化產業創新、驅動數位轉型，實現隨手可得5G的智慧好生活，均衡發展幸福城鄉。」

　　行政院所提5G行動方案，彙整了政府結合產業界和學術研發機構近幾年的準備工作，為未來二十年的資通訊基礎設施建設與應用發展鋪陳藍圖，預計2019年至2022年，四年投入經費達204億6,600萬元。

　　在美、韓電信業者爭先恐後啟動5G商用服務之際，行政院也不落人後，端出這個5G行動方案，值得稱許。不過，若再深入其中，仍有值得細究之處。

　　此時此刻，我們需要一個5G發展藍圖，並以建立數位經濟、創造數位紅利為願景。

然而，現行計畫中揭示的「願景」，比較像為邁向數位經濟，採行數位轉型的策略，亦即以5G新技術做槓桿，帶動各行各業以自身的營運特色與技術專長，與資通訊技術跨界融合。

　　融合，將會表現在虛實系統（cyber physical system, CPS），做到位了，便得以建構某種型式的數位平台，可以輕易納入物聯網、大數據分析、機器學習和人工智慧等工具，塑造產業新貌。這波從工業4.0以來帶動的產業變革，是威力強大的典範轉移。

在典範轉移中智慧升級

　　在5G行動方案公布後，被點名的醫療、製造、交通領域，可視為行動計畫的重點垂直產業，但絕非局限於此；若有任何產業願意早日投入轉型升級，尤其是有人願意付錢的，筆者建議應盡早進行。

　　然而，5G企業網路是未來企業轉型升級所必須的連網基磐。但，如何建置方為上策？

　　企業數位轉型雖是一種創新，卻未必能夠立即獲利，精打細算的企業主可能望而卻步，此時若有政府的實質資助鼓勵，幫助企業播種，創造第一桶數位紅利，就有機會步上轉型升級的坦途，以既得之數位紅利投入下一階段的數位升級、智慧升級。

　　企業自建專網的需求，源自電信公司提供的商用網

路無法完全滿足企業需求 —— 遇到問題，電信公司反應慢、效率低，以及企業內部數據資料要確保在企業內而不假外人之手等。

德國製造業發達，業者便曾多次呼籲，要求指配頻率專供企業使用。

對此，德國政府指配3.7GHz至3.8GHz為專網頻段，或稱為本地頻譜，並規定頻率之使用，由土地所有權人或擁有土地使用等其他權利者，如：租賃或轉讓等，向主管機關申請取得。德國預計在2019年下半年，啟動本地頻譜申請程序。

英國電信主管機關Ofcom則將指配3.8GHz至4.2GHz頻段，以及26GHz部分頻段，供企業布建專用或共用網路。報導指出，英國此次頻譜政策的重大改變，主要目的在推動工業轉型。

日本政府規劃以4.6GHz至4.8GHz和28.2GHz至29.1GHz頻段，做為地區性5G應用；而日本總務省確定地區性5G應用方針後，在2019年3月14日的會議中，決定先開放28.2GHz至28.3GHz頻段100MHz供廠商實驗。

給電信業者的當頭棒喝

所謂地區性5G應用，係因5G有效傳播距離短，規模較大建築內部的5G無線網路與外界網路干擾的可能性低，因此日本政府允許某些不容易干擾外界的環境，

如：地下車站與商場、一定規模的辦公大樓與工廠或郊外工地等區域，相關業者可以選擇特定波段，架設自有的小範圍5G無線網路。

不過，這項做法並非免費。筆者曾詢問日本總務省經辦行動通信官員，得知企業使用地區性5G頻率必須付費，原則上依頻寬和輸出功率計價，但詳細規則仍在研擬中。

瑞典，則有另一番景象。

新聞報導稱，為了避免政府切割5G頻譜供企業專網使用，電信網路業者三瑞典（Three Sweden）在4G的2.6GHz頻譜，出租50MHz給微網路經營者（micro operator）烏克伏克特（Ukkoverkot）。

烏克伏克特是一家以芬蘭為基地的公司，已有為海港和機場提供專網之紀錄，而此番則是將利用這段頻率，為工業客戶建置企業專網。

當然，在5G頻譜中特別劃分企業專網頻段，用意在滿足企業自建網路供自己使用的需求，不需要仰賴取得商用頻段的電信業者提供網路和服務。

如此之政策措施，不啻給予電信業者當頭棒喝：醒來吧！認真面對當前企業界的殷切需求。

｜ 行動業者的關切 ｜

「為了喝牛奶，有必要自己開牧場養乳牛嗎？」當行動通訊業者這樣詢問潛在客戶，用戶也可能反問：「若你

是牛奶供應者，請問你能保證品質優良、價格合理，又天天準時送達嗎？」

在台灣，依《預算法》規定，5G商用頻譜釋出必須採用拍賣競標，但第一階段釋出的5G頻段，業者最有興趣的3.5GHz頻段僅有270MHz，十分有限。

區區270MHz，將分割為幾段競標？如果再切一段供企業專網使用，商用頻寬勢必更為縮小。

在僧多粥少的情況下，競拍價格節節高升的場景，不難想像。競標勝出者投入大筆資金取得5G頻段，當然必須努力經營、創造價值，其中又以企業客戶為最重要的新營收來源。

這時候，假如政府的政策又表明指配專用頻率供企業建置專網，豈非扼殺5G行動通信業者生機？

如何做才「公平」？

如果政府決定指配企業專用頻段，企業申請取得專用頻率使用權，要支付費用嗎？這一點，相信是5G行動通信業者最在意的公平性問題。

筆者建議，主管機關在宣示指配企業專用頻段時，同時公布合理的計算公式，依據頻段與頻寬、輸出功率、使用型態、使用期間，並參照該頻段相近之商用頻譜決標單位頻率費用，予以合理計價。

《電信法》本來就有專用電信之規範，在頻率分配

表上也有工科醫頻段之指配，免費、免執照供工業、科學、醫療使用；而企業若選擇建立5G專網供自己使用，頻率取得只是諸多成功要素之一；其他要素，尚有人才、技術、維運、成本效益等，必須審慎考慮。

筆者觀點是，如果所有5G行動通信業者皆無法滿足企業需求，再考慮自建5G專網。

釋照時點與商業模式

倘若5G行動通信業者只看重B2C商業模式，5G的啟用可以慢慢來，畢竟5G手機尚未真正到位，5G網路涵蓋的區域也還不夠廣泛。

然而，GSMA 2015年的報告明確顯示，5G帶給電信業者的新營收來源是B2B、B2B2X。

電信業者如何掌握這個機會開拓企業市場？是不是該有不同的思維？以B2B2X為例，假如5G行動通信業者調整思維，放眼天下，在全球企業市場找機會，要如何定位自己的角色？

筆者建議，在企業應用或解決方案的分工中，發展出類似電子五哥在代工製造的能力，讓全球最強的電子產品設計者都必須找上門。5G業者把產品供應給這個企業客戶，再行銷全球市場。

把5G當作驅動全球企業轉型升級的槓桿，5G行動通信業者創建精實有效、有競爭力的解決方案，包括：

電信連線、雲端平台、API、身分認證與資安防護，以及客戶服務等能力，再結合企業合作夥伴（第二個B），共同經營選定行業的轉型升級業務。

這第二個「B」，相當於電子產品創造新設計者（例如：蘋果），有能力把共同參與開發的解決方案或產品行銷全球企業市場。

為鼓勵5G行動通信業者盡早投入，有必要盡早釋照，以便在企業數位化與智慧化轉型之際，創造B2B2X的商機，並進一步透過合作夥伴，行銷全球市場。

成為全球數位經濟解決方案的參與者

台灣市場規模太小，不足以支撐開發特殊貢獻的能力，必須放眼全球，以經營全球市場的規模，看待技術開發的資源投入，才有可能搏得全球性系統整合大咖業者的青睞，成為產業鏈生態系統的成員。這時候，選擇產業領域，深入了解該領域需求，是必要的功課。

專業顧問公司，將成為數位經濟發展過程中的催化劑，對5G行動通信業者大有助益，這也是健康邁向以知識和智慧為基礎的數位經濟發展不可或缺的一環。

為鼓勵行動業者運用任何方式支持或成立若干這種顧問公司，充實5G生態系統，並為數位經濟注入活水，政府有必要鼓勵成立此類顧問公司。

相較於《翻轉賽局：贏占全球資通訊紅利》作者陳

慧玲訪談各電信公司負責人所言內容，絲毫嗅不出 5G 的味道，近來三大電信業者紛紛以實際行動，展現出改變的強烈企圖心。

台灣大哥大委任年輕創業家林之晨為總經理，加上董事長蔡明忠明確表示，希望台哥大轉型成為科技公司。

遠傳電信升任來自美國 AT&T 的首席轉型長井琪擔任總經理，負責遠傳數位轉型和擘劃 5G 發展藍圖。

中華電信則成立「策略轉型辦公室」，加快公司轉型速度與擴大規模。

轉型，正是三大電信業者不約而同的改革重點。

如何轉？轉變成為什麼型式的企業？筆者在 2019 年 3 月上旬的台灣通訊學會主辦的「通傳產業競爭之人才與資本策略」研討會中，提出電信業三大轉型策略建議：

第一，結合垂直產業與新創公司，發展 5G 新型態應用，掌握台灣既有產業供應鏈優勢，解決生活問題，例如：智慧交通、智慧醫療照護、智慧製造、智慧家庭等。

第二，以併購方式擴大事業範疇，並培養新世代客戶需求。

第三，企業先瘦身，再運用併購策略擴展新領域合作機會。

天下真的沒有白吃的午餐

《21 世紀的 21 堂課》（*21 Lessons for the 21st Century*）

這本書中，列舉了十一個問題，筆者閱讀後，想探討的第一題是：「資產誠可貴，資料價更高？擁有資料數據者，得天下？」

這題的關鍵詞，是資料價值和資料數據的所有權。

記得亞歷克‧羅斯在《未來產業》（*The Industries of the Future*）這本書中強調：「土地是農業時代的原料，鐵砂是工業時代的原料，數據則是資訊時代的原料。」這裡的「數據」，就是《21世紀的21堂課》這本書中的「資料」。

資料（數據），是智慧化時代不可或缺的原料，其中又以屬於個人的資料最重要。筆者在2018年8月發表的〈網路2030：ITU的前瞻探索〉，就提到個人資料是有價的，個人隱私資料更是無價之寶，我們應該提醒大家重視個人資料有價的觀念，創造新的商業模式。

如今，你我方便地使用各種電信和網路應用與服務，有些服務需要付費，有很多則是免費。然而，天下沒有白吃的午餐！

事實上，我們在使用免費服務的同時，已經成為服務提供者的原料 —— 透過網路平台，有一群人無時無刻不在蒐集你我的資料，只是我們往往並不知情。

帶動新興行業誕生

在數位時代，應該要有另一種商業模式 —— 個人資

料有價，使用者必須付費。

　　換言之，最基本的通訊服務是笨水管式的需求與回應，服務提供者除了計費所需之資料，不得以任何方式側錄或儲存客戶的使用行為及其通訊內容。

　　這些個人資料，所有權屬於行為人，如果服務提供者希望蒐集客戶資料，應徵求客戶同意，並依合理資費付費。電信網路系統依雙方同意之約定，如實提供資料並定期支付費用。

　　這是落實個人資料有價的基本措施。就像當年比爾‧蓋茲開發個人電腦作業系統，堅持軟體是有價的（當時的氛圍是硬體有價，軟體都是抄來抄去，無須付費），從而建立新的商業模式，軟體產業於焉誕生。

　　建立這種新的商業模式，我們需要電信服務公司（telco）和上網服務提供者（Internet Service Provider, ISP）密切配合，替客戶把關；以及購買個人資料的服務提供者，確實依雙方同意之約定，誠信執行。

　　為達成此目的，電信服務公司或許需要建置全新的網路架構與功能。

　　在電信產業鏈中，電信服務公司最接近客戶，他們有可能擔任客戶的「經紀人」，向有意付費購買個人資料之廠商洽談條件，並經管這項新業務。如果電信服務公司有利益衝突之虞，便由公正的第三方扮演經紀人，一個新興行業於焉出現。

6. 當數位鐵幕升起

　　2018年8月，美國總統川普簽署國防授權法案，禁止美國政府及承包商使用華為和中興通訊的技術產品。對外公布的理由是，這兩家中國大陸電信公司對美國的國家安全造成威脅。

　　禁止期間為兩年，範圍涵蓋美國政府及承包商所使用的系統中，重要或關鍵之組件與服務。

　　不過，也有排除條款，即只要這些公司的組件不是用在路由器或用來檢視數據的系統，便不在禁用之列。

美中角力，公開的祕密

　　美國關切中國大陸電信製造公司的發展由來已久，尤其是華為與中興通訊。

　　2010年5月，華為以200萬美元收購美國伺服器製造業者三葉公司（3Leaf），同年11月，美國外國投資委員會介入審查，後因華為不同意委員會要求拆分而撤案。

2011年2月5日，華為公司副董事長兼華為美國（Huawei USA）公司董事長胡厚崑（Ken Hu）發表公開信，詳細說明併購三葉公司緣由和程序，並針對過去十年來美國各界對華為的質疑，一一說明。

　　回應華為的，是美國眾議院於2012年10月8日發布的《中國大陸電信公司華為和中興通訊對美國國家安全議題調查報告》：

> 大陸電信業的資訊不透明，其發展歷史與在美國的營運方式亦不為人所知，不得不令人質疑，這兩家公司（華為與中興通訊）是否為大陸情報機構，進入電信網路為母國大開方便之門。

美國眾議院的五點建議

　　美方認定，華為和中興通訊都不願意提供足夠資訊，讓調查委員會釋疑；至於華為是否有違反美國法律情事，則將轉交行政部門研判或調查。

　　眾議院報告提出五點建議：

　　一、對於大陸電信公司持續滲透美國電信市場，應抱持懷疑。

　　二、基於國家安全利益，美國外國投資（審查）委員會應禁止有華為和中興通訊參與的併購案。

　　三、美國特別敏感的系統，不得使用華為或中興通

訊之設備。

四、美國政府以外的商業界，應視中興通訊和華為具有長期風險，旗下建設計畫應尋求其他供應商。

五、美國國會和政府機關應調查不公平貿易行為，大陸企業應效法西方準則，更公開與透明；國會亦應對官方色彩濃厚的外國電信公司，予以立法規範，包含擴大政府在外國投資（審查）委員會的角色，以及檢視採購合約。

算計或巧合？

隨著行動通訊進入5G時代，領先群國家早已頒布5G頻譜，取得執照的行動通訊業者也已紛紛開始建設5G網路。

放眼全球，有能力供應符合5G技術標準的網路設備製造公司屈指可數，華為的龍頭地位可說毋庸置疑。

眼見情況如此，曾經無比著急、必須著急的川普，此刻可會無所作為？

2018年7月，包含美國、澳大利亞、加拿大、紐西蘭、英國在內的「五眼情報聯盟」，宣稱基於國家安全理由，主張5G網路設備供應商應排除華為，而美國政府也積極遊說其他盟國配合。

美國政府與華為間的針鋒相對，在2018年12月1日進入另一個階段。

這一天，加拿大警方應美國政府司法互助要求，逮捕在溫哥華轉機的華為公司副董事長兼財務長孟晚舟。

啟人疑竇的是，這個事件的時機點出現在中、美貿易摩擦升高，雙方領袖正在面對面進行工作餐會之際。是算計？還是巧合？

23 項罪名起訴華為

2018 年 12 月 18 日，華為輪值董事長胡厚崑在東莞新園區召開全球記者會，並公開展示為 5G 設備開發的新材料和熱管理（thermal management）技術，以及獨立的網路安全實驗室。

記者會中，胡厚崑引述，世界五百強企業中的兩百多家，都選擇華為做為夥伴，還有全球數億消費者對華為的信任。他強調，華為的安全紀錄是乾淨的，三十年來沒有嚴重的網路安全事件。

關於 5G，胡厚崑表示：「華為已經取得 25 個商業合約，在資通訊設備供應商中排名第一，在全球市場已出貨超過一萬個基地台，這樣的優勢至少可維持 12 至 18 個月。」

他強調，對於 5G 技術的安全考量非常合理，但可以透過與行動業者和政府的合作來減輕疑慮；但少數國家正基於意識型態或地緣政治，利用 5G 問題，提出不實的安全問題，做為妨礙市場競爭的藉口，這將減緩新技術

的採用、增加網路建設成本，並提高客戶的價格。

2019年1月28日，美國政府宣布，正式要求引渡孟晚舟，並以23項罪名起訴華為，其中包含10項針對華為及其美國分公司的指控，如：違反制裁令與伊朗交易構成銀行詐欺、竊取貿易機密等，以及針對華為及孟晚舟起訴共13項罪名，包含金融及電匯詐欺等。

▍安全問題？貿易問題？▍

美國商務部長羅斯（Wilbur Ross）於2019年5月16日受訪時表示，中國大陸的華為公司和70家附屬事業列入美國貿易黑名單，出口管制將於17日生效。

這項措施等同對華為祭出「禁購令」及「禁售令」雙重制裁，禁止華為在未經政府許可下，向美國企業採購零組件和技術。

對此，華為如何反應？

BBC中文網報導指出，華為董事長梁華於7月30日的2019年上半年業績發布會中表示，今年5月之前維持高速成長，即使是列入美國禁令「實體清單」，也仍然穩定成長。

美國的做法，是宣稱基於國家為安全而為。那麼，接下來的問題是，這究竟是安全問題？還是貿易問題？或者其他？

這個問題，一般人難以回答。倘若只以安全問題視

之，究竟，5G技術安不安全？

　　5G涵蓋的層面十分寬廣且複雜，但發展至今，安全能力已顯著提升，例如：防範第七號訊令系統（Signaling System Number 7, SS7）遭入侵，在之前發布的5G技術標準中已加強防護。

　　然而，5G有很多新功能，例如：網路切片、端到端與跨網的網路切片，要能夠無縫連接，又要有彈性以因應動態需求，稍有疏忽就可能成為安全弱點而遭到攻擊。

　　標準制定組織3GPP十分清楚這種潛在的安全問題，會在未來版本中強化5G的安全能力。

德國自訂安全標準

　　對於如何處置華為，在過去這段期間，美國也向其他國家發出警告，例如：華盛頓表示，如果允許華為參與5G網路，美國將減縮跟柏林分享情報。

　　對此，2019年3月12日，德國總理梅克爾表示，德國將為新的5G行動網路訂定自己的安全標準。梅克爾說，「我們將跟在歐洲的夥伴們討論這些問題，也會跟美國相關部門討論。」

　　2019年2月6日，媒體即曾報導，梅克爾要求中國大陸政府必須先提出保證，不會進接（access）華為設備處理的數據，才會允許華為參與未來5G網路之採購建設。

　　歐洲最具規模的電信領導業者德國電信，於2019年

1月30日已提出因應方案，確保5G網路的安全。方案包括三部分：

首先，由政府監督下的獨立驗證實驗室，審驗所有關鍵基礎設施的安全性。

其次，供應商應把設備的原始碼交予可信賴的第三方保存，行動業者於必要時可以取得原始碼，以解決任何可能存在的安全弱點。

最後，法規對於關鍵基礎設施之安全責任，應擴大及於供應商，而不只是行動業者。

英國嚴謹監測

在英國，電信業者使用華為設備行之有年，早在3G與4G時代便已開始。

英國政府要求，但凡是中國大陸的公司，都必須先把設備送交設在牛津的國家網路安全中心（National Cyber Security Center, NCSC）審驗，確保安全無虞，才能入網提供服務。

英國國家網路安全中心表示，英國監測華為的措施，是全球最嚴格且最嚴謹的。

華為在英國的做法是，選擇與政府合作，設立華為網路安全評量中心（Huawei Cyber Security Evaluation Center, HCSEC）。

不過，這個網路安全評量中心的監督委員會在2018

年年報中指出，華為的工程作業程序有嚴重的技術問題，而那些問題將造成新的電信風險。

此外，華為未能解決監督委員會在年報所提的相關安全問題，尤其是軟體開發問題。

其中，華為使用的來自風河（Wind River）的舊版即時作業系統VxWorks，到了2020年將喪失更新安全措施管道，致令英國遭受網路攻擊。

針對這些問題，華為承諾投入20億美元改善安全問題，但要約五年時間才能看見效果。

互有立場，各執一詞

基於各種安全顧慮下，監督委員會沒有把握可以完全掌控已部署華為設備的安全風險。因此，英國會對華為採取什麼行動尚未明朗，但依過去經驗，該國會朝降低風險的原則辦理，而不是禁用。

目前，英國正在考慮，限制華為參與其5G網路建設的幅度。

據路透社報導，英國政府發言人在2019年5月14日表示：「英國電信網路的安全和適應力十分重要，我們將嚴格管控華為設備在英國的部署方式。」

BBC中文網則提到，英國外相韓特（Jeremy Hunt）表示，英國不會做出有損於與美國情報分享的決定，但是也不想與中國大陸開始新冷戰。

同一天，華為董事長梁華表示，華為願意與包含英國在內的各國政府簽訂「無監控協議」。因為一些國家擔憂，中國大陸會把華為產品用於監控，而華為則否認產品將帶來任何資安風險。

對於華為設備，不同國家各有考量。

像是加拿大、日本，仍在評估是否使用；或者像是南韓電信業者LG Uplus，已與華為展開5G的合作。

又或者，像是澳洲，如同美國一般，禁止使用華為和中興通訊的電信設備；而紐西蘭，則曾在2018年禁止某業者要求使用華為5G產品。

劍指華為，中興模式翻版？

5G發展走到這地步，是技術問題？經濟問題？還是政治問題？

2019年3月7日，華為宣布，已向美國聯邦法院提起訴訟，指控美國在《國防授權法》中禁止政府單位購買華為設備和服務，已違反美國憲法。華為還說，美國政府涉嫌入侵華為伺服器。

真的要以訟止訟？還是要靜下來，在6G發展上一較長短？值得兩強深思。

以美國具備的科技實力，只要目標明確，集中資源投入，在尚未正式起步的6G技術發展上將可扮演重要角色；至於如何重拾昔日光輝，值得期待。而兩強互相較

勁，相信未來的6G必定精采。

然而，大權在握的川普卻不這麼想。

美國政府的做法，並非首見。

2018年4月16日，美方便曾宣布，七年內禁止美國企業銷售零件給中興通訊；至2018年7月13日，中興通訊繳交14億美元罰款及保證金後，美國商務部正式解除出口禁令，中興通訊可以重新向美國公司採購零件，恢復正常生產。

川普食髓知味，中美貿易大戰正如火如荼開展，他想重演一年前對付中興通訊的大戲，拿華為開刀。

這些日子以來，川普的做法，一般認為，明顯劍指華為。

貿易問題，國家解決？

2019年5月16日，川普簽署行政命令，宣布進入緊急狀態，禁止美國企業使用有資安風險公司生產的電信設備。

華為向來仰賴美國的供應鏈，此舉將使華為難以出售部分產品。

然而，川普的做法，是「傷敵一千，自損八百」，殃及美國電子零組件供應商與終端產品業者。

2018年，華為的零組件採購金額為700億美元，其中110億美元為對美採購。

在禁購令下，美國供應商，如：高通、英特爾、美光等，營業額將因此減少；此外，以中國大陸市場為重要營收來源的企業，如：蘋果，也必須面對可能的抵制行為。

峰迴路轉，方興未艾

在緊急處分嚴厲制裁一個月後，2019年6月，川普在20國集團峰會（G20）與中國大陸國家主席習近平會晤後宣布，將有條件放寬華為禁令，允許不涉及國安的非敏感美國商品和技術，可繼續出貨給華為。

看似峰迴路轉，緊繃的美中貿易衝突有鬆一口氣的緩和趨向。然而，川普的新決定，卻引發美國國會兩黨部分議員強烈反彈。

據報導，為了嚴格管制華為、中興通訊等黑名單上的大陸企業，2019年7月16日，美國六位跨黨派參議員和四位兩黨眾議員聯手提出《捍衛美國5G未來法案》，將行政命令法律化。

這項法案，禁止在沒有國會參與下，將華為從美國商務部實體清單中移除，並且規定，如果川普政府向美國企業頒發豁免許可，國會有權廢除。

目前仍不確定法案將於何時進入投票程序，但即使法案獲得兩黨議員支持，還需獲得總統同意簽字；若川普不同意，參、眾兩院都要獲得三分之二的支持票數，

才能推翻總統的否決權。但以當前形勢，這種情況要在
美國國會中發生，相當困難。

　　然而，在美方5月發給華為的臨時許可證即將到期
前夕，中央社報導指出，美國總統川普表示，儘管行政
部門在衡量是否延長中國大陸華為公司的臨時許可證效
期，但他並不想讓美國與華為做生意。

　　在美國積極動作的同時，中國大陸近二十年來的表
現也不遑多讓，一方面將臉書、谷歌等外國業者擋在門
外，一方面則鼓勵大陸企業征戰海外。如今，川普的做
法，儼然正在築起一道數位鐵幕。

　　媒體報導，《紐約時報》曾言，倘若美、中科技冷
戰開打，華為禁令不啻是豎立數位鐵幕的伊始。在這種
情況下，未來，究竟誰會操控數位鐵幕？是大陸封鎖世
界？還是歐美阻絕大陸？

結 語　展望2030，
重塑世界產業

　　5G來了。自2018年起，在全球各地風起雲湧，掀起一片「搶先潮」。

┃ 商業模式亟待建立 ┃

　　2018年，美國威瑞森和AT&T兩家電信業者，已經推出5G商業服務，但初期只在不到二十個城市部署。

　　2019年4月3日，南韓三大電信業者韓國電信、鮮京電信、LG Uplus於晚間11時開通5G網路，居住在首爾、首都圈及部分廣域市的消費者可優先享受這項服務。在此之前，韓國電信曾在2018年年底於首爾開設全球首家5G網路機器人咖啡館，以BEAT機器人咖啡師接單和製作咖啡。

　　2019年5月，美國電信業者斯普林特、英國電信集團（BT Group）旗下的EE公司，也分別啟動5G網路服務。其中，英國EE更是英國第一家開通5G服務的電信業者。

　　2019年6月6日，中國大陸工業和信息化部宣布，核發4張5G網路商用執照，提早進入「5G商用元年」，得主是

三大電信公司：中國電信、中國移動、中國聯通，以及第四家業者，中國廣播電視網路。中國移動表示，將在2019年提供5G商用服務。

5G，一種由應用驅動的行動通信新技術。

相對於以往由技術發展驅動使用者需求，5G則是由使用者需求驅策技術發展。

換言之，在5G技術發展之初，便已經預先設想使用案例可能遭遇的通信問題，匯聚而成三大類別需求：速度更快、連網密度更高、時延更短且更可靠。

一般來說，新事業的發展可以分為三大階段：概念驗證（proof of concept, PoC）、服務驗證（proof of service, PoS），以及商業驗證。在技術標準制定過程中，如果提出使用案例是一種概念驗證，那麼，探討商用案例便屬於商業驗證了。

關心未來商用發展者，應該探討使用案例能否演進成為商用案例，而只要商用案例成立，下一步就是找到它可以成功經營的商業模式。

全球起飛，蓄勢待發

在使用案例方面，各大陣營分別出招。

3GPP技術報告TR 22.891，列舉74項。

5G-PPP由諾基亞主導的NORMA（Novel Radio Multiservice adaptive network Architecture，無線多重業務自適應網路架

構）計畫，挑選了14項目標使用案例：高畫質影視下載、5G熱點、智慧家庭、現場VR／AR影視／VR-360攝影／AR、8K VR、自動化工作車輛、智慧交通管理、重機械設備遙控、工廠自動化、現場HD影視、智慧電網通訊和控制、現場固定點高速高效通信、隨處上下行50Mbps、企業用高解析影視。

華為則選擇了十大應用：雲端高解析VR／AR、車聯網、智慧製造、智慧能源網、無線醫療、無線高解析家庭娛樂、無人機聯網、超高解析社交網路、個人人工智慧輔助、智慧城市。

至於台灣，行政院核定的台灣5G行動計畫，內容強調十大應用：智慧醫療、智慧製造、智慧交通、智慧防災、智慧穿戴、文化科技、智慧校園、自駕車、智慧家庭，以及物聯網。

牛肉在哪裡？

為了掌握商機，各國莫不摩拳擦掌，推動各種合縱連橫的先導計畫，選擇垂直領域開發應用。

然而，在台灣，由經濟部主導、中華電信領銜的5G領航隊已有成果展示，唯似乎還停留在進行某些使用案例的概念驗證階段；遠傳電信掛帥的先鋒隊，則尚未有階段性成果揭露。

如果沒有進入商用探索，豈知商業機會落在何處？想像

的使用情境是虛幻的，看不見牛肉在哪裡，就不可能有動力促進發展！

｜ 政府預算挹注 ｜

　　認知商業機會的必要，便能了解，台灣5G行動計畫在五個主軸重點工作中編列預算推動的重要性。

　　5G行動計畫主政的科技會報辦公室表示：

　　「為廣泛建立5G應用先期驗證實績，並催生5G垂直應用生態系，政府積極推動5G應用場域實證，已提供充分的實驗頻段供5G場域實驗使用，並簡化實驗申請流程、允許商業驗證，未來亦將逐步建立智慧交通、智慧醫療、智慧城市、智慧工廠等各類型5G應用實證標竿場域。

　　「目前台灣各界已申請進行5G實驗共十餘件，由多家電信業者、網通廠商、創新應用業者、研發機構共同參與，逐步建立我國5G系統及國產品之市場競爭實力。」

　　5G行動計畫在推動5G垂直應用場域實證編列86億7,900萬元、建構5G創新應用發展環境68億8,400萬元、完備5G技術核心及資安防護能量46億4,600萬元……

　　這些規劃的目的，是期盼能夠發揮及時雨之效用，更積極、更大量地驅動十餘件乃至千件的垂直應用或創新應用之商用案例實證，進而找到對的商業模式，為台灣5G生態系統加速成形添加養分。

　　企業家、創新者，請問你們準備好了嗎？大家都找到切

入點了嗎？

｜先論基本功，再談新價值｜

實證成功之後的應用，必須要有品質優異的5G網路基礎設施支撐。

網路複雜如5G，基站布建必須達一定密度，使用者才能接受；一旦客戶的要求不能滿足，批評是很不客氣的。

質問1：夠快嗎？

有志經營5G網路服務的機構，準備好以最快的速度，建設既安全又可靠的5G網路嗎？

以5G的技術標準，快速表現在eMBB，可靠反應在uRLLC，應該沒有問題。然而，實務上，數據速度是否能夠保持在規格額定值以上？

質問2：夠可靠嗎？

快速移動時不中斷？靠得住？例如：進行智慧醫療應用的遠距遙控手術，必須同時符合快速與可靠的要求，絕對不能在手術進行中斷線！

5G網路必須滿足這種要求，這就是所謂的服務水準協議（Service Level Agreement, SLA）。

智慧交通中的車聯網應用，甚至未來的自動駕駛車輛，同樣仰賴5G網路快速、安全、可靠的服務。萬一品質稍微

下降，導致某輛快速行進中的車子錯誤動作，衝擊前後左右相鄰車輛，後果不堪設想！

　　其他很多應用都有相似的要求，服務水準協議將成為5G服務提供者很重要的責任。當然，這也是5G服務提供者新增的價值所在。不過，務必先做好服務面的基本功，所創造的新價值才有意義。

量子計算帶來的安全威脅

　　在網路世界，安全的層面很廣。

　　狹義來說，在電信領域談數據安全，通常指數據保密。最基本的假設是，通訊系統的通道（channel）不安全，即對使用的通道「零信任」，因此才需要在通道兩端加裝保密器／解密器，即使第三者從通道中截取數據，由於已經加密，不知解密金鑰便很難破解。

　　這方面的技術系統已經發展成熟，可用方法很多，只是無時無刻不在面對道高一尺、魔高一丈的挑戰。當今預料得到的嚴厲挑戰，是以量子計算解密。

　　量子電腦的運算速度，可以在一天內破解普遍使用的RSA-1024公鑰系統密碼。雖然量子計算成熟還要十幾、二十年，但政府和銀行很多機密資料必須保存數十年，未雨綢繆，有必要盡早思考如何有效因應量子計算帶來的威脅。

　　本來只發生在資訊系統和資訊網路的安全問題，當資訊技術與電信廣泛且深入融合，如今已全面移植到5G網路。

誠然，5G技術標準在用戶身分認證和信令系統都加強安全功能，但畢竟是全IP網路，大量引用雲端運算的架構概念，網路功能虛擬化、軟體定義網路、雲端接取網路、開放接取網路等，搭配選用成本低的開源碼軟體……，在強大需求與規格背後，安全威脅恐怕亦是如影隨形。

正因如此，美國國防創新委員會在研究報告中建議，對於美國以外的5G網路採取「零信任」。

網際網路不正是如此嗎？這就是「水能載舟亦能覆舟」的道理。

因噎廢食大可不必，但是對於機密性和敏感性資料的傳送，必須採用適當的保密系統，以策安全。奉勸川普大總統，稍安勿躁；美國的保密技術仍然是獨霸全球的。

力保全球單一標準

5G來了。

長期以來，全球電信界期待一個地球一套電信標準的想法，終於實現了。

2017年12月21日所發布的5G第一期技術標準，是3GPP集眾人之力加速完成的。

倘若不如此積極為之，5G便可能分崩離析，不會有全球統一的標準。

少數急先鋒業者表明，為搶先布建5G網路、推出新應用服務，所採用的技術與標準組織規劃中的方案並不相

容 —— 這種情況若放任不理，就會出現至少兩套標準！

電信網路網網相連，構成一個全球覆蓋連通的網路。不同技術標準的網路設備要互連，必須經過轉換設備介接，但仍僅共有的部分才能互通互運（interoperable）。

這是一種浪費，增加設備成本，也增加故障機會，更不用說增加電力消耗和二氧化碳排放。

全球一套電信技術標準，真的得來不易！

數位鐵幕，美國防堵華為？

一甲子之前，電信傳輸系統數位化就有美規和歐規的數位傳輸架構，稍後日本又標新立異推出日規數位架構，三套併列於ITU-T技術標準中。

NTT會長和田紀夫曾經應邀蒞臨中華電信訪問並進行專題演講，他表示，日本自訂一套數位架構，用符合這個架構的數位傳輸系統和數位交換系統建設電信網路，只在日本境內使用，外銷很困難，其實是不經濟的措施。

回想當初，2G有兩套標準、3G有三套、4G也有兩套。如今，來到5G，十分難得地只有一套標準。

然而，當數位鐵幕高高築起，是否將再度割裂單一標準的世界？

名作家佛里曼（Thomas Loren Friedman）不只一次在演講時反諷美國政府：「像北京一樣有效率！」不料，在此全人類引頸期盼5G布建、開始享用服務之際，川普領導下

的華盛頓當局居然效率奇高！

　　川普利用職權，宣布國家進入緊急狀態，將5G大咖華為列入美國出口管制的實體清單。

　　接著，禁令似乎又蔓延到技術團體，某些標準制定組織的活動也拒絕華為人員參與。

　　數位鐵幕已然築起！

　　5G的技術標準尚未全部完成，難道今後便要分道揚鑣，又將有兩套標準？

虛擬空間主權化？

　　若數位鐵幕如同美、墨邊境的圍牆升起，嚴密保護自己國家的利益，電信網路技術兩套標準事小，數位寬頻技術搭建的虛擬世界，是否要比照實體世界，引入虛擬領土、領空、邊境的概念，強調虛擬空間的主權主張，俾保護自己國家的利益？

　　數位鐵幕的極致，是虛擬空間主權化嗎？

　　資安即國安，凸顯的就是虛擬空間資訊安全就是國家安全的重大議題。

　　為防範境外網路攻擊事件，保護人民的網路安全，政府責無旁貸應該在網路邊境設防，偵察、阻絕入侵者。

　　總統蔡英文於2018年9月14日核定台灣首部資通安全戰略報告時表示：國家安全會議提出了台灣首部資安戰略報告，為數位國家、創新經濟奠定堅實基礎。

面對資訊安全威脅和挑戰（包括：駭客攻擊、網路勒索及詐騙等），2016年政府將資安提升至國安層級；同年8月，國安會和行政院共同舉辦「資安即國安」策略會議，確定資安即國安的戰略願景為：「打造安全可信賴的數位國家」。

　　何謂數位國家？何種程度的安全可信賴？這都是很根本的重要問題。

　　不過，俄羅斯有另一種資安觀點。

數位主權之爭

　　2019年2月21日，路透社引用俄羅斯總統普丁在該國媒體中的談話：

> 俄羅斯必須建造自給自足的網段，以備西方可能拒絕我國進接全球網際網路。

　　一年以前，〈俄羅斯為何建立自己的網際網路〉一文刊登在國際電機電子工程學會（IEEE）《頻譜》（*SPECTRUM*）期刊，文中指出，2017年11月就有消息說，俄羅斯總統普丁已經批准，在2018年8月1日完成創建獨立的網際網路的計畫。

　　「這個網際網路將可能提供『金磚五國』（BRICS）——巴西、俄羅斯、印度、中國大陸和南非 —— 使用，以免

受到外界可能的影響，」克里姆林宮新聞祕書培斯科夫（Dmitry Peskov）告訴媒體。

這也許是俄羅斯自主築網的美麗說詞。因為，換個角度看，倘若俄羅斯果真建立起專屬的DNS（domain name system，網域系統），意謂著這個國家將有機會打造一個孤立的網路，所有網路流量無法進入或離開俄羅斯境內。由此又衍生了數位主權的話題，值得考量。

不過，如果俄羅斯真的自築孤立的網際網路，首先必須做到兩件事：一是DNS獨立不外接，二是境內路由器（routers）不能與外界網路連線，並且要隨時偵測是否有人偷偷連結外部網路。這樣一來，使用者便不可能翻牆。

數位稅議題浮上檯面

與數位主權相關的另一個議題，是數位稅。

2019年8月，OECD（Organization for Economic Co-operation and Development，經濟合作暨發展組織）會員國在巴黎熱議，跨國科技公司如何合理納稅？各國如何課徵數位稅（digital tax）？

思考1：誰在創造價值？

國際租稅的主要精神是，創造價值之地點即應為課稅之地點。

想像一位法國巴黎民眾在谷歌網頁上點擊可口可樂的廣

告，如此一個動作，便將為遠在矽谷的公司帶來營收……

　　請問：這個公司在何處繳納營利事業所得稅？

　　這筆交易產生的金錢往來，發生在美國的兩家公司之間，但這個價值由巴黎的客戶產生，甚至谷歌在法國的員工對於這則廣告的刊登可能有所貢獻……，跨國公司可以在「稅賦天堂」國家以極低稅率繳納營所稅，而法國，得到了什麼？

　　類似情況可能發生在英國、德國、義大利、荷蘭、比利時……，合理嗎？

　　英國財政大臣韓蒙德（Philip Hammond）指出，使用人參與了科技大咖價值創造的過程，如：市值5,240億美元的臉書 —— 當你跟臉書網站建立了連結，或提供個人資料，你就已經成為其產品的一部分，是廣告公司願意花錢購買的產品。

　　韓蒙德說，這個價值應該課稅。

思考2：誰該支付費用？

　　筆者認為，延伸韓蒙德的論點，使用者行為成為科技公司產品的原料，科技公司應付費購買原料，支付合理費用給使用人，俾落實個資有價的理念。

　　歐盟資料顯示，在28個會員國中，國際數位商業只付10%的有效稅率，遠低於非數位商業模式的23%。十分不合理，必須有所改變。

　　數位稅怎麼課？眾說紛云，問十位稅務專家可能得到十

種不同的回答。

由OECD主導的國際談判，要完成並不容易，因為美國可能極力反對，某些以低稅率吸引投資的國家也會反對。目前的情勢是，倘若無法達成共識，英國和法國將追隨西班牙和義大利，通過國內法對本國境內的數位服務收入徵收2%～3%的稅收。

誰能保障資訊暢流的普世價值？

在虛擬空間從事商業活動跟在實體世界從事商業活動，兩者的本質有什麼不同嗎？虛實如一無差別。那麼，越網者提供跟行動通信業者或媒體業者相同的服務，是否應該受到相同的監督與管理？

實務上是如此嗎？非也。

吾人接受網際網路，支持並參與它的蓬勃發展，寧願放棄一些原則，乃因網際網路讓網網相連，資訊自由暢流的普世價值值得推廣與維護。

然而，數位鐵幕對越網者的意義又是什麼？

分崩離析的網路，好像回到從前，十九世紀末、二十世紀初的時候。

那個年代，貝爾發明電話以後，美國市場上，成千上百家業者爭先恐後各自獨立布建互不相連的電話系統，雜亂無章，亂成一團。

後來，美國電話公司在魏爾（Theodore Veil）領導下，

提出「一個系統，一個政策，普及服務」的理念，說服政府，大一統的貝爾系統於焉出現，而後便有了AT&T因此主導電信領域七十年。

　　相較之下，二十一世紀進入行動5G世代，端出數位鐵幕，意義何在？有何價值？

參考資料

序　一本關於未來的書

1. 《翻轉賽局：贏占全球資通訊紅利》，陳慧玲。繁體中文版，天下文化，2017年。

第一部　乘數效應

第1章　全球經濟大轉型

1. "How America's 4G leadership propelled the U.S. economy" (2019). Recon Analytics: www.reconanalytics.com (2019.04.16)
2. 《驅動大未來：牽動全球變遷的六個革命性巨變》（*The Future : Six Drivers of Global Change*），高爾（Al Gore）。繁體中文版，天下文化，2013年。
3. 《創新者們：掀起數位革命的天才、怪傑和駭客》（*THE INNOVATORS: How a Group of Hackers, Geniuses, and Geeks Created the Digital Revolution*），華特・艾薩克森（Walter Isaascson）。繁體中文版，天下文化，2015年。
4. 《2019年亞太行動經濟研究》（The Mobile Economy Asia Pacific 2019），2019.06.26，GSMA，參見：https://www.gsma.com/r/mobileeconomy/asiapacific/。
5. 《5G經濟：5G技術將如何為全球經濟帶來巨大貢獻》（The 5G economy: How 5G technology will contribute to the global economy），IHS ECONOMICS & IHS TECHNOLOGY，2017.01，參見：https://cdn.ihs.com/www/pdf/IHS-Technology-5G-Economic-Impact-Study.pdf。
6. 《為歐洲引進5G之策略規劃探討關鍵社會經濟數據》（Identification and quantification of key socio-economic data to support strategic planning for the introduction of 5G in Europe），Europe Commission DG CNECT，2016年。

第2章　超乎想像的創新

1. Joshua Brustein, 2018. 11.29, "Microsoft Wins $480 Million Army Battlefield Contract", Bloomberg: https://www.bloomberg.com/news/articles/2018-11-28/microsoft-wins-480-million-army-battlefield-

contract(2019.09.09)

2. David Shepardson, 2019.03.21, "AT&T CEO says China's Huawei hinders carriers from shifting suppliers for 5G", Reuters: https://www.reuters.com/article/us-att-ceo-huawei-tech-idUSKCN1R12TX(2019.09.09)

3. Joshua Brustein, 2018. 11.29, "Microsoft Wins $480 Million Army Battlefield Contract", Bloomberg: https://www.bloomberg.com/news/articles/2018-11-28/microsoft-wins-480-million-army-battlefield-contract(2019.09.09)

第3章　從爭取數位轉型到搶占數位紅利

1. 〈工業數位化：從流行語到價值創造〉（Digital in industry: From buzzword to value creation），2016.08，參見：https://www.mckinsey.com/business-functions/digital-mckinsey/our-insights/digital-in-industry-from-buzzword-to-value-creation。

2. 《數位化生產力紅利》（The Digitalization Productivity Bonus），2017，參見：https://industrytoday.com/wp-content/uploads/2017/12/SFS-Whitepaper-The-Digitalization-Productivity-Bonus-Sector-Insights.pdf。

第二部　改造數位版圖

第2章　驅動萬物聯網

1. 《國際行動電信願景：2020年及以後國際行動電信未來發展框架和總體目標》（IMT Vision - Framework and overall objectives of the future development of IMT for 2020 and beyond），參見：https://www.itu.int/rec/R-REC-M.2083-0-201509-I/en。

2. 3GPP Specification #22.261: Service requirement for next generation service and market, 3GPP：https://portal.3gpp.org/desktopmodules/Specifications/SpecificationDetails.aspx?specificationId=3107

3. 〈未來的5G機器學習〉（Machine learning for a 5G future），2018，參見：https://www.itu.int/en/ITU-T/academia/kaleidoscope/2018/Pages/default.aspx。

4. "5G Device Ecosystem", 2019.08, GSA: https://gsacom.com/paper/5g-

devices-ecosystem-august-update/?utm=devicereports5g

第3章　揭開後智慧型手機時代序幕

1. 蕭玉品（2017.07.09），〈周永明久未現身，看好VR/AR五年內將取代智慧型手機〉，《遠見》雜誌，參見：https://www.gvm.com.tw/article.html?id=39146（2019.08.07）。

第4章　改變，正在發生

1. 《COMPUTEX 2019｜智慧新世界 2019 產業關鍵解密》，參見：http://ieknet.iek.org.tw/iekppt/ppt_more.aspx?actiontype=pptSlides&indu_idno=3&domain=2&sld_preid=5618。
2. 張庭瑜（2019.07.24），〈台最熱科技題材！5G商機首部曲搶灘實戰〉，《商業周刊》，參見：https://www.businessweekly.com.tw/magazine/Article_mag_page.aspx?id=69834（2019.07.26）。
3. 「加速行動寬頻服務及產業發展方案」（104年～106年），參見：https://www.ey.gov.tw/File/889726AB4426552F。
4. 交通部《頻率供應計畫》，參見：https://www.motc.gov.tw/uploaddowndoc?file=bulletin/201805281141431.pdf&filedisplay=201805281141431.pdf&flag=doc。
5. 《學術教育或專為網路研發實驗目的之電信網路設置使用管理辦法》，參見：https://law.moj.gov.tw/LawClass/LawAll.aspx?pcode=K0060063。
6. 《5G應用與產業創新策略總結報告》，蔡志宏。行政院5G應用與產業創新策略（SRB）會議，2018.10.31。
7. 《數位通訊傳播法》，參見：https://law.moj.gov.tw/LawClass/LawAll.aspx?pcode=P0010005。
8. 《電信管理法》，參見：https://law.moj.gov.tw/LawClass/LawAll.aspx?pcode=K0060111。
9. 《電信法》，參見：https://law.moj.gov.tw/LawClass/LawAll.aspx?pcode=K0060001。
10.《通訊傳播基本法》，參見：https://law.moj.gov.tw/LawClass/LawAll.aspx?pcode=P0010005。
11.《頻譜供應規劃與政策規範研究》研究報告（2016.12），台灣野村總

研諮詢顧問公司。

第5章　台灣，準備好了嗎？

1. 《台灣5G行動計畫》，2019.06.13，參見：https://www.slideshare.net/releaseey/5g-149370509。

2. 唐子晴（2019.06.12），〈台哥大挺5G「三共」，蔡明忠提議：先從3G試試看〉，《數位時代》，參見：https://www.bnext.com.tw/article/53619/taiwanmobile-2019-shareholders-meeting（2019.07.18）。

3. 《5G終端裝置生態系統》（5G Device Ecosystem），2019.08.13，GSA，參見：https://gsacom.com/paper/5g-devices-ecosystem-august-update/。

4. "South Koreans complain at poor quality of 5G network"，《金融時報》（*Financial Times*），2019.07.17，參見：https://www.ft.com/content/1ff639a4-a85a-11e9-984c-fac8325aaa04（2019.08.13）。

第三部　勾勒5G新經濟

第1章　迎接數位創新

1. "Intel Study Finds 5G will Drive $1.3 Trillion in New Revenues in Media and Entertainment Industry by 2028", 2018.10.11, Intel: https://newsroom.intel.com/news/intel-study-finds-5g-will-drive-1-3-trillion-new-revenues-media-entertainment-industry-2028/#gs.21qxzo

第2章　傳娛事業全面革新

1. 《5G如何影響媒體與娛樂事業》（How 5G will transform the business of media and entertainment），參見：https://newsroom.intel.com/wp-content/uploads/sites/11/2018/10/ovum%E2%80%93intel%E2%80%935g%E2%80%93ebook.pdf。

2. "Discussions on Over-The-Top (OTT) in ITU-T SG3", ITU: https://www.itu.int/en/ITU-T/Workshops-and-Seminars/bsg/201710/Documents/Park.pdf

第3章　X效應

1. 《5G時代：無限連接與智能自動化的時代》（The 5G Era: Age of

Boundless Connectivity and Intelligent Automation），參見：https://www.gsma.com/latinamerica/wp-content/uploads/2018/08/2017-02-27-0efdd9e7b6eb1c4ad9aa5d4c0c971e62.pdf。

2. "Overwhelming OTT: Telcos' growth strategy in a digital world", 2017.01, Mckinsey: https://www.mckinsey.com/industries/telecommunications/our-insights/overwhelming-ott-telcos-growth-strategy-in-a-digital-world

3. 《AI新世界：中國、矽谷和AI七巨人如何引領全球發展》（增訂版）（*AI Superpowers: China, Silicon Valley, and the New World Order*），李開復。繁體中文版，天下文化，2019年。

第四部　兩強相爭下的世紀變革

第1章　誰惹急了川普？

1. "Who is leading the 5G patent race?", 2019.07, IPlytics: https://www.iplytics.com/wp-content/uploads/2019/01/Who-Leads-the-5G-Patent-Race_2019.pdf

2. https://www.company-histories.com/Lucent-Technologies-Inc-Com pany-History.html

3. 王子承（2019.06.18），〈創投教父王伯元：美國可以投資華為解決紛解〉，信傳媒，參見：https://www.cmmedia.com.tw/home/articles/16112（2019.09.10）。

第2章　白宮5G高峰會

1. Marguerite Reardon, 2018.09.28, "Trump officials on 5G: Bring it on, private sector", CNET: https://www.cnet.com/news/white-house-hosts-5g-summit/

第3章　來自美國國防部的關鍵報告

1. 《5G生態系統：對國防部的風險與機會》（The 5G Ecosystem: Risks & Opportunities for DoD），2019.04，參見：https://media.defense.gov/2019/Apr/03/2002109302/-1/-1/0/DIB_5G_STUDY_04.03.19.PDF。

第五部　第5次革命

第1章　平台經濟正夯

1. 《貝佐斯傳：從電商之王到物聯網中樞，亞馬遜成功的關鍵》(*The Everything Store: Jeff Bezos and the Age of Amazon*)，布萊德‧史東 (Brad Stone)。繁體中文版，天下文化，2016年。
2. "5G: Is Platform the killer use case?", INFORM: https://inform.tmforum.org/research-reports/5g-platform-killer-use-case/ (2017.06)
3. "Creation: Life and How to Make It"，史帝夫‧格蘭 (Steve Grand)。Harvard University Press，2003年。
4. https://isafe.moe.edu.tw/article/1958?user_type=4&topic=8

第2章　是電信公司，也是平台公司

1. AT&T《科技轉型白皮書》(Technology Transformation)，2016，參見：https://www.business.att.com/content/dam/attbusiness/insights/casestudiesandpdfs/ATT-Tech-Dev-Transformation-Whitepaper.pdf。

第3章　改造國稅平台

1. 《賦稅資訊系統整合再造計畫成果》報告，參見：https://www.ey.gov.tw/Page/9277F759E41CCD91/0cb55bf6-fe18-474c-b9c1-1e25ffbc8f07。
2. 蘇俊榮 (2014.09)，〈賦稅資訊再造之推動情形與成效〉，《公共治理》季刊，第二卷第三期，頁99-106。

第4章　生活中的物聯網

1. 張雅婷 (2018.09.11)，〈電腦也會種菜！交大研發「博士種的」產品 明年成立新創公司〉，《聯合報》，參見：https://udn.com/news/story/7324/3361866 (2019.08.21)。
2. "AgriTalk: IoT for Precision Soil Farming of Turmeric Cultivation"，交通大學，參見：http://liny.csie.nctu.edu.tw/document/ArgiTalk-Published.pdf。

第5章　以數位紅利帶動數位升級

1. 《21世紀的21堂課》(*21 Lessons for the 21st Century*)，哈拉瑞 (Yuval

Noah Harari）。繁體中文版，天下文化，2018年。

2. 《未來產業》（*The Industries of the Future*），亞歷克‧羅斯（Alec Ross）。繁體中文版，天下文化，2016年。

3. 呂學錦（2018.08.21），〈網路2030：ITU的前瞻探索〉，遠見華人精英論壇，參見：https://gvlf.gvm.com.tw/article.html?id=59395（2019.08.12）。

第6章　當數位鐵幕升起

1. 中央社華盛頓16日綜合外電報導（2019.05.17），〈美商務部長：對華為出口管制17日生效〉，中央社，參見：https://www.cna.com.tw/news/aopl/201905170006.aspx（2019.08.21）。

2. BBC中文網（2019.07.30），〈華為頂住中美貿易戰，分析稱與愛國主義有關〉，參見：https://www.bbc.com/zhongwen/trad/chinese-news-491 69146（2019.08.21）。

3. 3GPP 5G Security, 3GPP: https://www.3gpp.org/news-events/1975-sec_5g（2018.08.06）

4. BBC中文網（2019.05.15），〈華為願簽「無監控」協議5G爭議突圍新嘗試〉，參見：https://www.bbc.com/zhongwen/trad/business-48276813（2019.08.21）。

5. 中央社華盛頓18日綜合外電報導（2019.08.19），〈川普：為國家安全 並不想和華為做生意〉，中央社，參見：https://www.cna.com.tw/news/aopl/201908190012.aspx（2019.08.21）。

6. 中央社華盛頓20日綜合外電報導（2019.05.22），〈美中科技冷戰開打 數位鐵幕加速豎立〉，中央社，參見：https://www.cna.com.tw/news/firstnews/201905210328.aspx（2019.08.03）。

結語　展望2030，重塑世界產業

1. https://5g-ppp.eu/5g-norma/。

2. 路透社莫斯科電（2019.02.29），"Russia must build own internet in case of foreign disruption: Putin", Reuters，參見：https://www.reuters.com/article/us-ru ssia-internet-putin-idUSKCN1Q92EQ（2019.08.26）。

3. Staff Writer（2019.06.02），"UK finance minister to propose global digital tax", Reuters: https://www.itnews.com.au/news/uk-finance-minister-to-pro pose-global-digital-tax-526332（2019.08.27）

中英文名詞索引

G

GPS（Global Position System），衛星定位系統
GPT（general purpose technology），通用技術
GSA（Global Mobile Suppliers Association），全球行動通訊供應商協會
GSM（Global System for Mobile Communications），全球行動通訊系統
GSMA（Groupe Speciale Mobile Association），全球行動通信系統協會

H

HES（Head-End Server），讀表頭端系統
hot spots，熱點
HSDPA（High Speed Downlink Packet Access），高速下鏈分封接取
HSM（hardware security module），硬體保密器
HSPA（High Speed Packet Access），高速分封接取
HTTP（HyperText Transfer Protocol），超文本傳輸協定

I

IaaS（Infrastructure as a Service），基礎設施即服務
IMT（International Mobile Telecommunications），國際行動電信
IMT 2020，5G（5th Generation Mobile Telecommunication），第五代行動通訊系統
IMT-Advanced，4G（4th Generation Mobile Telecommunication），第四代行動通訊系統
Industry 4.0 Finance，工業 4.0 融資
IoE（Internet of Everything），萬物聯網
IoT（Internet of Things），物聯網
ISM Band，工科醫頻段
ITU（International Telecommunication Union），國際電信聯合會

L

LTE（Long-Term Evolution），長期演進系統

M

M2M（machine to machine），機器對機器
MEC（mobile edge computing），行動邊緣運算
METIS（Mobile and Wireless Communications Enablers for the Twenty-Twenty Information Society），行動暨無線通訊網路驅動計畫
MFJ（Modified Final Judgment），修正最終裁定
MIMO（multi-input multi-output），多重天線
mMTC（massive machine type communication），巨量機器型通訊

ROI（return on investment），投資報酬率
RONI（return on non-investment），不投資報酬率

S
SaaS（Software as a Service），軟體即服務
SDN（software-defined networking），軟體定義網路
SEP（standard essential patents），標準關鍵專利
SIM（subscriber identity module），用戶身分模組
SLA（Service Level Agreement），服務水準協議
SON（self-organizing network），進階型自組織網路

T
TCP/IP（Transmission Control Protocol/Internet Protocol），傳輸控制協定／網際網路通訊協定
TDM（time division multiplexing），分時多工
thermal management，熱管理
throughput，通透率
TSG（Technical Specification Group），技術標準工作組

U
UHDTV，超高畫質影視串流
UMTS（Universal Mobile Telecommunications System），通用行動電信系統
uRLLC（ultra-reliable and low latency communication），超級可靠與低時延

V
V2I（vehicle to infrastructure），車輛對基礎設施通訊
V2V（vehicle to vehicle），車輛對車輛通訊
VR（virtual reality），虛擬實境

W
WAP（Wireless Application Protocol），無線軟體應用協定
WLAN（wireless local area network），無線區域網路
WRC（World Radiocommunication Conferences），世界無線電通信大會

X
XR（extended reality），延展實境

致謝

　　感謝中華電信林國豐執行副總經理／技術長和XRSpace董事長周永明接受筆者專訪；台灣大哥大林之晨總經理同意引用他接受媒體專訪的內容。

　　在資料蒐集部分，則要感謝中華電信研究院林榮賜院長和羅坤榮所長為AIoT提供資料；陳俊賢主任提供IoT應用資訊；中華電信林昭陽執行副總經理提供有關財政部再造國稅建置案資料；工業技術研究院資通所周勝鄰副所長提供台灣資通產業標準協會相關訊息；交通大學林一平副校長提供IoT Talk研發應用資料；中磊電子董事長王伯元分享他的卓見。

　　此外，也要感謝中華電信投資事業處協理陳元凱博士協助製表、繪圖、審閱書稿，貢獻良多；中華電信行動通信分公司經營規劃處處長盧登臨博士、聯發科通訊系統設計研發本部先進通訊技術開發處資深部門經理傅宜康博士，以及行政院人事行政總處副人事長蘇俊榮提供專業諮詢。

　　感謝天下文化創辦人高希均董事長、發行人王力行女士和林天來總經理／社長的支持與鼓勵。

　　最後，感謝內人曾文香女士的勉勵與支持。

財經企管 BCB674

行動 5.0
創造 5G 數位紅利

國家圖書館出版品預行編目(CIP)資料

行動5.0：創造5G數位紅利 / 呂學錦著. -- 第一
版. --臺北市：遠見天下文化, 2019.09
　　面；　公分. -- (財經企管；BCB674)
ISBN 978-986-479-824-7(精裝)

1.無線電通訊業 2.產業發展

484.6　　　　　　　　　　　　　108014985

作者 ── 呂學錦

主編 ── 李桂芬
責任編輯 ── 羅玳珊、李美貞（特約）
美術設計 ── 周家瑤（特約）

出版者 ── 遠見天下文化出版股份有限公司
創辦人 ── 高希均、王力行
遠見・天下文化・事業群 董事長 ── 高希均
事業群發行人／ CEO ── 王力行
天下文化社長／總經理 ── 林天來
國際事務開發部兼版權中心總監 ── 潘欣
法律顧問 ── 理律法律事務所陳長文律師
著作權顧問 ── 魏啟翔律師
社址 ── 台北市 104 松江路 93 巷 1 號 2 樓
讀者服務專線 ──（02）2662-0012
傳真 ──（02）2662-0007；2662-0009
電子信箱 ── cwpc@cwgv.com.tw
郵政劃撥 ── 1326703-6 號　遠見天下文化出版股份有限公司
出版登記 ── 局版台業字第 2517 號

電腦排版 ── 立全電腦印前排版有限公司
製版廠 ── 中原造像股份有限公司
印刷廠 ── 中原造像股份有限公司
裝訂廠 ── 中原造像股份有限公司
總經銷 ── 大和書報圖書股份有限公司 電話／（02)8990-2588
出版日期 ── 2019 年 9 月 26 日第一版第 1 次印行
　　　　　　2020 年 3 月 24 日第一版第 5 次印行

定價 ── 400 元
ISBN ── 978-986-479-824-7
書號 ── BCB674
天下文化官網 ── bookzone.cwgv.com.tw